보도
블록은
죄가
없다

P ˙.

보도블록은 죄가 없다

ⓒ 박대근 2018

초판 1쇄 펴냄 2018년 8월 15일
2쇄 펴냄 2018년 10월 5일

지음 박대근
편집 김혁준
교열 이중용
표지디자인 그래픽바이러스
제작 픽셀커뮤니케이션

펴낸이 이정해
펴낸곳 픽셀하우스
등록 2006년 1월 20일 제319-2006-1호
주소 서울시 강남구 논현로26길 42, 3층
전화 02 825 3633
팩스 02 2179 9911
웹사이트 www.pixelhouse.co.kr
이메일 pixelhouse@naver.com
ISBN 978-89-98940-10-2 (93530)
정가 16,000원

* 저작권법에 의하여 한국 내에서 보호를 받는 저작물이므로 어떤 형태로든 무단 전재와 무단 복제를 금합니다.
* 본문에 담긴 사진은 대부분 저자가 직접 촬영한 것이며, 그 외의 경우는 별도 저작권을 표시하였습니다.
  도움을 주신 분은 아래와 같습니다.
  · 김명란_ 수원대학교 교수(p.17), 카사하라 아츠시_ 홋카이도 공업대학 명예교수(p.18)

보도블록은 죄가 없다
박대근 지음

프롤로그

바닥부터 시작되는
변화의 바람

"한국의 보도블록 종사자들은 쉽게 돈을 벌 수 있어 좋겠네요."

2011년 서울을 방문한 일본의 보도블록 생산업체 임원이 우리나라 보도블록 상황을 보고 했던 말이다. 부러움에 대한 표현일까? 물론 아니다. 국내 보도블록의 수명이 짧아 그만큼 납품 기회가 많다는 점을 지적하는 반어적 표현이다.

보도블록 제조와 시공기술이 우리보다 앞서 있는 일본의 현황에 비춰 볼 때 이해는 가지만 언짢은 기분이 드는 것도 사실이다. 일본의 보도블록은 30년이 지나도 조금 탈색됐다는 느낌이 들 뿐 시간이 지나도 좀처럼 망가지거나 내려앉지 않는다. 너무 튼튼하게 만들어서 먹고 살기 힘들다는 말이 농담으로 들리지 않는다.

'왜 우리나라 보도블록은 쉽게 깨지고, 내려앉고, 훼손되는 걸까?' 강도(強度)가 부족하다면 보도블록을 더 단단하게 만들면 되고, 부실 시공이 문제라면 더욱 철저한 작업 기준과 여건을 만들면 될 텐데. 도대체 왜 실천하지 않는 걸까? 이처럼 쉬울 것 같은 일을 우리나라 보도블록 종사자들과 공무원들은 왜 간과하고 있는 걸까?

그깟 보도블록

울퉁불퉁한 보도블록을 당연하게 여기던 시절이 있었다. 그때는 시민들뿐만 아니라 제품과 시공 품질을 감독하는 공무원도 마찬가지였다. 개발의 시대에는 보드블록보다 더 크고 중요한 사업이 많았으니 '그깟 보도블록'은 모두의 관심밖에 일이었다. 필자도 '보도블록에 무슨 기술이 필요한가?'라고 여겼던 사람 중 하나였지만, 막상 꼼꼼하게 들여다보니 매우 복잡한 공정이 필요하다는 사실과 철저한 시공의 중요성, 그리고 지속적인 관리가 뒤따라야 한다는 걸 알게 되었다. 또한 잘 만들고 시공하는 것도 중요하겠지만 먼저 종사자들의 직업의식과 사용자인 시민들의 준법정신이 없다면 시대가 바뀌어도 여전히 그 모습일 수밖에 없다는 것도 실감했다.

언젠가부터 우리는 '차보다 사람이 먼저'인 사회에서 살고 있다. 신속한 이동이 중요했던 개발의 도시에서 느림의 미학을 이야기하는 슬로우 시티로의 변화를 추구하면서, 차량의 편리한 이동보다 사람들의 안전하고 쾌적한 보행이 더 중요하다고 말한다. 그러나 아직 현실은 그다지 변한 게 없다. 차도에는 자동차가 넘쳐나고, 보도를 침범하거나 주차한 차량도 여전히 흔한 일상의 모습이다. 교통법규를 지키자는 캠페인은 구호만 남아있고, 도로교통법보다는 관습적인 자동차 문화가 아직도 건재하다.

보도블록에 대한 대중의 관심이 높아진 것은 사실이지만 여전히 부정적인 이야기가 주를 이룬다. 언론에서 보도블록을 키워드로 다룬 기사를 살펴보면 대략 두 가지로 요약된다. 첫째는 예산 낭비다. 보도블록이 예산 낭비의 주범이라는 비판은 지난 수십 년 동안 줄기차게 쏟아졌다. 특히 2005년 12월 기획재정부 예산낭비신고센터에 접수된 민원 중 보도블록 교체와 관련된 내용이 60%가 넘었다고 한다. 시민들의 불신이 어느 정도인지 짐작하고도 남는다. 둘째는 부실공사다. 1972년 일간지에 보도블록 침하 사진과 함께 「비 내리자 큰길보도 울퉁불퉁」(경향신문, 1972. 6. 27)이라는 기사가 등장하면서부터 최근까지 「서울 시내 보도블록 부실 공사 대거 적발」(경향신문, 2013. 11. 1) 뉴스가 나오는 것을 보면 보도블록은 과거부터 지금까지 달라진 것이 없어 보인다.

예산 낭비와 부실 시공의 대명사?

어쩌다가 보도블록이 예산 낭비, 부실 시공의 꼬리표를 달게 되었을까? 이 책에서 그 주요 원인을 정리하고 가능한 몇 가지 대안을 찾아보고자 한다. 더불어 보도블록과 함께 점자블록, 경계블록(경계석), 측구의 알려지지 않은 이야기도 함께 소개한다. 구조적인 문제는 물론 보도블록에 대한 우리의 마음가짐도 오랜 관행 속에서 넘을 수 없는 큰 벽임이 분명하다. 언제나 보도블록만 '욕'을 먹는 현실 앞에서 보도블록의 변론을 맡아 죄가 없다는 걸 밝혀주고 싶었는지도 모르겠다.

사람 중심의 도로, 안전한 도로를 만들기 위한 보도블록의 진화된 쓰임새는 무엇일까? 현재의 문제를 짚어보고 미래 보행환경에 대한 고민이 필요한 시점이다. 특별히 환경을 고려한 보도블록의 변화와 몇 가지 사례도 함께 공유하고자 했다.

기본을 지키며 걷기

몇 년 전 안산 올림픽기념관에 설치된 세월호 임시 합동분향소에서 조문하고 노란 리본을 가슴에 달며 '기본이 지켜지는 세상을 만들겠다'고 스스로 약속했다. 그것이 이 나라에서 태어나 억울하게 목숨을 잃은 어린 학생들을 위해 어른들이 해야 할 일이라고 가슴에 새겼다. 기본과 정의가 살아있는 세상을 만드는 일은 거창한 행동을 요구하는 일이 아니라 자기 자리에서 기본을 지키고 실천하는 일부터 시작된다. 보도블록을 연구하고 실행하는 공무원으로서 그동안의 경험을 충실한 정보와 올바른 시각으로 전할 수 있다면 이 또한 기본을 지키는 사회를 만드는 일이라 생각하며 이 글을 쓰기 시작했다.

쉽지 않은 글쓰기 여정이었다. 보도블록에 대한 자료를 찾기 위해 서점을 아무리 뒤져보아도, 보도블록 제조업체에 종사했던 원로를 만나 보아도, 현재 국내에 기록으로 남아있는 자료가 거의 없었다. 참고할 수 있는 자료는 언론에서 보도했던 기사와 사진이 전부라 해도 과언이 아니었다. 덕분에 용기를 낼 수 있었다. 글쓰기 밑천이라고는 논문 몇 편과 간헐적으로 기고하는 기사와 일기 정도가 전부지만 보도블록에 대한 기록이 꼭 필요하다고 생각했기 때문이다. 부족하지만 이 책이 보도블록뿐만 아니라 건설 전 분야에 만연해 있는 관행들을 넘어서 바닥부터 변화의 바람을 일으킬 수 있는 작은 시작점이 되었으면 좋겠다.

차례

| | 프롤로그 | 004 |

Block 1
다시 보는 보도블록

왜 보도블록인가?	014
보도블록은 정말 죄가 있나?	019
도로 포장과 선물 포장	022

Block 2
보도블록, 누구의 잘못인가?

하이힐이 뿔났다	028
진흙탕 개싸움	032
보도블록 카르텔	036
코끼리 열차	041
불편한 진실	046
보도블록 르네상스	049
장인정신	054
보행안전 도우미	060
절단 그리고 조화	066
점토바닥벽돌 이야기	075
보도블록과 함께 춤을	088
점자블록 수난시대	095

Block 3	광화문 세종대로 돌 포장	102
차도블록	덕수궁 돌담길_ 공존도로의 상실	114
	누구를 위한 도로인가?	120
	차도블록	130
	APT. 아파트?	138
	청춘블록	148
Block 4	스펀지 보도블록	158
친환경 보도블록	투수 성능 지속성	166
	투수블록의 종류	174
	투수 성능 회복	178
	투수블록 건강수칙	183
	차도 투수블록	187
	열섬과 차열성 포장	196
	차열블록	202
Block 5	시각장애인용 점자블록	210
보도블록 이웃사촌	보도블록 파손의 용의자	218
	깨지는 경계블록, 자빠지는 경계석	222
	경계석 이웃, 측구	233
	보도 턱은 동네북	238
	모래가 700냥	244
	모래가 범인	252
	에필로그	258

Block 1

다시 보는
보도블록

왜 보도블록인가?
보도블록은 정말 죄가 있나?
도로 포장과 선물 포장

왜
보도블록인가?

아스팔트와 보도블록

걷기 열풍이 대한민국을 휩쓸었다. 올레길, 둘레길 등 전국 어디를 가든 걷기 좋은 길이 우후죽순 생겨났고, 건강을 위해 일부러 맨발로 흙을 밟는 사람들도 점점 늘고 있다. 이런 추세라면 도심에도 보도[01](步道)의 블록을 걷어내고 흙바닥을 조성하자는 엉뚱한 의견도 나올 법하다. 그런데 문득 궁금해졌다. 왜 보도에는 블록이 깔리게 되었을까?

먼저 보도블록과 아스팔트 포장의 공통점을 생각해보자. 단단하고 평평하게 가공된 재료로 평상시는 물론 비가 오더라도 불편을 최소화할 수 있다. 사실 아스팔트가 보도블록보다 면이 연속적이고 평탄해서 걷기도 편할 뿐 아니라 유아차, 휠체어의 이동에도 더욱 좋다. 그렇다면 왜 보도에는 아스팔트 대신 보도블록을 설치하게 되었을까?

보도블록의 약점

보도블록은 아스팔트에 비해 몇 가지 약점이 있다. 우선, 가격이 비싸다. 보도블록은 생산가뿐만 아니라, 설치하는 비용도 높다. 아스팔트 포장은 대부분 기계(절삭기)를 이용해서 걷어내고 또 다른 전용 기계(아스팔트피니셔, asphalt finisher)를 이용하여 재료를 내린 후 롤러 등으로 다짐 작업을 한다. 기계의 사용은 효율성을 높여 시간을 줄이고 비용 역시 줄여준다. 그에 비해 보도블록은 공정이 다양하고 기능공의 잔손이 많이 간다. 보도블록을 걷어내는 것부터 시작하여 블록 하부에 모래를 깔고 평탄을 맞추어 준비 작업을 진행해야 한다. 블록을 끌고 줄을 맞추며 간격을 조정하면서 줄눈 모래를 채우는 모든 공정에서 기능공의 손과 발 그리고 경험이 필요하다. 복잡한 공정이 인력에 의해 진행되므로 노무비용이 높을 수밖에 없다.

둘째, 시공이 어렵다. 보도에는 시설물이 많다. 차도에 있으면 이동을 방해하고 사고의 위험이 있는 온갖 시설물이 모두 보도로 올라와 있다. 가로등, 신호등, 가로수, 전기설비, 소화전, 우체통, 공중전화 부스, 맨홀 등 헤아릴 수도 없는 시설물이 혼재되어 있다. 이들은 대부분 지면에 돌출되어 있기 때문에 보도블록 시공 시 마감 처리가 매우 어렵다. 더구나 일일이 보도블록을 형상에 맞게 재단·절단하는 작업을 모두 손으로 해야 한다. 모양이 둥근 시설물(가로등, 지주 등) 주변 처리의 경우에는 조각가의 정성이 필요할 정도다. 딱딱해지기 전에 수작업으로 모서리 부위를 쉽게 마무리할 수 있는 아스팔트와 비교하면 작업 난이도가 상당하다고 할 수 있다.

셋째, 쉽게 파손된다. 즉 수명이 짧다. 이것은 본질적인 단점이라기보다는 사용자의 부주의에서 발생하는 문제다. 노력으로 충분히 극복할 수 있는 문제이지만 현실적으로 개선이 쉽지 않다. 사람만 다니라고 만들어 놓은 길인데 오토바이와 차가 다니고 주차하는가 하면, 건물 작업(공사, 이사 등)을 이유로 무거운 사다리차가 올라가기도 한다. 엄연한 불법이지만 솜방망이 처벌만 있고 관행으로 이어져 지금까지 근절되지 않았다. 더욱 심각한 것은 이런 행위가 불법이라고 알고 있는 사람이 거의 없다는 점이다. 이런 관행적, 불법적 사용으로 보도블록은 깨지고, 꺼지고, 망가진다. 이용자의 무감각한 의식 문제 이외에도 보도블록 포장 공사 관계자들의 직업윤리도 역시 중요하다. 부실시공이 보도블록의 수명을 단축시킨다는 것은 너무나 당연한 이야기다.

그런데도 왜 보도블록인가?

'연말만 되면 보도블록을 교체해서 예산을 낭비한다.'는 비난이 많다. 물론 같은 구간에 잦은 교체를 한다거나 불필요한 곳을 교체하는 것은 비난받아 마땅한지만 일반적으로 다소 오해의 소지가 있다. 보도블록을 교체하는 이유는 우리 생활과 깊숙이 연관되어 있다. 상하수도 관로 교체 공사, 신규 건축물 인입 관로 공사, 도시가스 공사, 공중선 지중화 공사, 통신선로 공사 등 땅속 지장물에 대한 유지관리를 위해 보도는 시도 때도 없이 파헤쳐지고 메꾸어진다.[02] 하지만 보도가 아스팔트로 되어 있는 경우라면 문제는 더욱 복잡해진다. 아스팔트를 뚫기 위해 도로 절단기를 사용하여 표면을 자른 후 일명 '뿌레카'[03]라 불리는 해머로 아스팔트를 파쇄하여 굴착을 해야 한다. 지중 시설물에 대한 공사가 마무리되면 복구를 해야 하는데 아스팔트 조달 문제로 부분 포장이 곤란하다. 소량을 공급하기 어려운 생산 시스템의 한계라고 볼 수 있다. 복구한다 할지라도 신구(新舊) 아스팔트의 색상 차이로 인한 미관저해가 또 다른 문제점이 될 수 있으며, 양생 시간이

사진 01
독일 라인강 주변 산책로_
물결모양의 보도블록을
설치하여 주변 환경과
조화를 이루고 있다.

ⓒ 김명란

필요하여 신속한 교통개방이 어렵다는 것도 단점이다.

　이처럼 아스팔트를 보도에 설치했을 때 예상되는 유지 보수의 문제를 해결하기 위해 찾은 해답이 바로 보도블록이다. 보도블록은 소규모 공사의 경우에도 필요한 만큼 걷어내고 공사 후 원상 복구할 수 있다. 또한 보도블록은 다양한 형태와 색으로 생산할 수 있어서 주변 환경과 취향에 맞춰 형태와 패턴을 연출할 수도 있다. 독일 라인 강 주변의 산책로에 물결 모양의 블록 포장 사례가 좋은 예다. 물을 땅속으로 투과시킬 수 있는 환경 친화성도 블록이 가진 장점 중 하나이다. 반면 아스팔트 포장은 물을 미워하는 성질인 소수성을 가졌기 때문에 물이 아스팔트 포장 내부로 침입하게 되면 아스팔트 포장의 파손으로 이어진다.

　그렇다면 차도에 보도블록을 설치하는 것은 어떤가? 말도 안 된다는 대답이 나올 수도 있겠지만, 더 단단하고 꼼꼼하게 시공한다면 불가능한 일

사진 02
케언즈 국제공항_
호주에서는 1990년에
블록 포장 효과를
인정하고 항공기 계류장을
블록으로 포장했다.

© 카사하라 아츠시

은 아니다. 호주에서는 1990년에 블록 포장에 대한 효과를 인정하고 케언즈 국제공항(Cairns International Airport)의 항공기 계류장(apron)에 블록 포장을 시공한 사례가 있다. 그뿐만 아니라, 홍콩 국제공항, 뮌헨 국제공항, 하코다테 공항, 홋카이도 공항에서 유도로 및 계류장 포장공법으로 블록 포장을 도입하고 있다. 하지만 누군가가 블록 포장을 우리나라 공항에 도입하고자 한다면 필자는 결코 찬성하지 않을 것이다. 현재 우리나라의 블록 포장 설계 및 시공 기술력의 수준이 제한적이기 때문이다.

NOTE
01 인도(人道)라고도 하며, 새로운 사실을 알리는 의미의 보도(報道)와 동음이의어
02 파헤치고 메꾸는 일을 전문용어로는 '굴착복구 공사'라 한다.
03 브레이커(breaker)의 잘못된 표현임

보도블록은
정말 죄가 있나?

'보도블록'하면 연상되는 단어를 묻는 질문에 '부실시공(물웅덩이, 징검다리 등)', '불편' '예산 낭비' 등의 답변을 들었다. 안타깝게도 보도블록은 아직 부정적인 이야기로 회자되며 기억되고 있다. 이것이 대한민국 보도블록의 현실이다. 서울시 민선 6기 박원순 시장은 보도블록의 나쁜 이미지를 개선하겠다는 강한 의지를 담아 취임사(2011년 11월)에서 본인이 보도블록 시장임을 자처했다. '보도 60년 관행에 마침표를 찍겠습니다.' 라는 슬로건을 가지고 보도블록 10계명[04] 을 직접 발표하기도 했다. (2012년 4월)

박원순 시장의 표현처럼 지금까지 대한민국 보도블록의 이미지는 불

사진 03
보도블럭 10계명
기자설명회_
"보도 60년 관행에
마침표를 찍겠습니다."
라는 슬로건으로
기자설명회를 진행하는
박원순 서울시장

사진 04
서울 시민이 걸었던 길_
서울 시민은 너무 많은 불편 위를 걸었습니다.
서울 시민은 불법 위를 걸었습니다.
서울 시민은 위험 위를 걸었습니다.
서울 시민은 방치 위를 걸었습니다.
서울 시민은 짜증 위를 걸었습니다.

편, 불법, 위험, 방치, 짜증이었고, 오랜 시간 매몰찬 비판을 받아왔다. 보도블록은 왜 이리도 얄궂은 존재가 되었을까? 위에서 제시한 연상어는 태생이 모두 비슷하다. 원인이 같거나 서로 인과관계로 연결되어 있다는 말이다. 부실시공으로 시공한 지 얼마 되지 않아 보도블록이 내려앉고, 비가 오면 침하된 곳에 빗물이 고여 물웅덩이가 만들어져서 시민들이 불편을 겪고, 이를 해결하기 위해 공무원들은 보도블록을 교체하게 되는데, 이 모

습을 본 시민들은 예산 낭비라 비난하게 된다. 시공자와 사용자의 문제가 해결되지 않은 채 어쩔 수 없이 해마다 보도블록 공사는 이어져 왔고 시민의 불만은 커져만 갔다. 이러한 악순환을 뿌리 뽑기 위해 박원순 시장은 취임사에서 보도블록의 잘못된 관행을 근절하겠다고 시민들과 약속한 것이다.

보도블록에 대한 부정적 인식은 결국 부실시공에서 비롯됐다고 할 수 있다. 죄는 보도블록이 아닌 사람에게 있다. 그렇다면 죄 없음에도 불구하고 억울한 누명을 쓰고 있는 보도블록은 대체 어찌해야 할까? 미워해야 할 대상이 아닐뿐더러 위로와 함께 '죄인 취급' 재발 방지 약속을 해야 하지 않을까. 그리고 재발 방지 대책에 대한 정확한 설명도 뒤따라야 도리가 끝날 듯하다.

NOTE
04 60년 보도의 관행을 깨겠다는 취지로 만들어진 보도블록에 관한 10가지 개선사항. 2012년 4월 25일 시장의 기자단 발표를 기점으로 서울시의 보도환경 정비 개선안이 선포되었다.
〈서울시 보도블록 10계명〉 ① 보도블록 공사 실명제 도입 ② 부실공사 시 입찰을 제한하는 원스트라이크 아웃제 시행 ③ 공사 현장 임시 보행로 설치·보행안전 도우미 배치 ④ 보도공사 Closing 11 ⑤ 보도블록 파손자가 보수비용 부담 ⑥ 거리 모니터링단 운영 ⑦ 파손, 취약 보도블록 스마트폰 신고 및 개선 ⑧ 보도 위 불법 주정차, 적치물, 오토바이 주행 철저 단속 ⑨ 납품 물량 3% 남겨두는 보도블록 은행 운영 ⑩ 서울시-자치구-유관기관 협의체 구성, 체계적인 보도관리

도로 포장과
선물 포장

우리가 흔히 알고 있는 포장에는 두 가지 뜻이 있다. 천 또는 종이를 이용하여 물건을 싸거나 꾸린다는 의미의 포장(包裝, Packing)이 있고, 사람 또는 차 등이 왕래하는 곳을 평평하게 하여 이동을 편하게 만드는 포장(鋪裝, Paving)이 있다. 우리말로는 둘 다 포장이다. 한자는 다르지만 통하는 점도 있다. 사람들에게 더 깨끗하고 아름다운 모습으로 환심을 사거나 편리함을 주기 위한 수단이라는 공통점 말이다.

    포장이 도로에 사용되면 도로 포장, 공항 활주로에는 공항 포장, 공원에는 공원 포장으로 불린다. 사용되는 장소나 용도에 따라 포장의 종류와 두께 등이 달라진다. 가장 흔히 볼 수 있는 도로 포장은 차도 포장과 보도 포장으로 나뉜다. 도심지의 경우 차도는 아스팔트 포장, 보도는 블록 포장(흔히 말하는 보도블록)이 대부분이다. 블록 포장은 어떤 측면에서 선물 포장과 비슷한 부분이 있다. 차도가 기능적인 부분 즉, 차량을 안전하고 쾌적하게 이동시켜주면 충분하다고 생각하지만, 보도 포장재인 블록은 기능과 더불어 아름다움도 중요한 기준이 된다. 블록의 재질, 색상, 패턴 등 세련되고 고급스러움의 정도에 따라 그 가치가 달라진다.

과연 도로 포장은 공학인가? 전통적인 공학 분야(토목, 건축 등)보다 뒤늦게 공학 대열에 합류하기도 했지만, 관련 분야 사람들조차도 도로 포장 공학이 있다는 사실을 잘 알지 못한다. 왜일까? 건축물과 교량, 댐 등 3차원 공간에 중력을 거스르며 서 있는 구조물은 그 기술과 아름다움이 쉽게 드러난다. 설계자와 기술자의 노력과 역량을 발견하고 감탄하기도 한다. 반면 완성된 표면밖에 볼 수 없는 도로 포장은 역학적인 특별한 기술과 장치도 필요 없어 보인다. 가장 흔하게 볼 수 있지만 동시에 어떤 관심도 끌지 못하는 주변 분야였던 것이다.

이러한 설움을 딛고 응용과학 즉 공학으로 인정받은 도로 포장 학문은 그동안 괄목할 만한 성장을 해 왔다. 새르운 재료와 기술이 개발되고 있으며, 활동하고 있는 전문가도 셀 수 없을 정도로 많다. 정부기관(국토교통부 등)의 관심과 협조로 전문기술서적도 많이 발행되었다. 하지만 여기서 말하는 도로 포장은 차도용 포장 분야를 말한다. 언제부터인지 그렇게 인정되어 버렸다. 도로법에 도로는 '차도 + 보도'라고 명확히 정의되어 있지만, 또 하나의 서러운 영역이 있음을 알 수 있다. 보도블록이다. 과단한 무게와 속도로 이동하는 자동차를 견뎌야 하는 차도 포장도 비교적 최근에야 학문 분야로 자리매김하였거늘, 무거워 봐야 100kg 정도인 사람이 밟고 다니는 보도 포장은 물어야 무엇 하겠는가. 그야말로 누구나 손쉽게 대충대충 설치해도 되는 그런 존재였다.

보도블록 1세대

기회는 언제든 찾아오기 마련이다. '86 아시안게임을 준비하고, '88 올림픽

사진 05 패션 블록_「경향신문」, 1985. 5. 11 일자   사진 06 보도블록 색깔·모양 다양해진다
_「경향신문」, 1982. 2. 26 일자

을 치르면서 선진국 수준의 보행환경을 만들어 보자는 외침과 구호가 드디어 시작된 것이다. 막대한 예산 투입이 뒤따랐다. 하지만, 안타깝게도 공학적 접근은 거의 배제된 채 선물 포장의 포장(Packing)처럼 외형적 요소(아름답게, 화려하게, 도드라지게)에만 치중하는 우를 범하고 말았다. 정책을 결정하는 사람들이 그만 미인계에 홀딱 넘어가 겉모습만 보고 판단해 버린 것이다. 멋진 디자인은 물론 튼튼함을 겸비한 블록으로 시공까지 꼼꼼하게 신경 썼더라면 금상첨화였겠지만, 안타깝게도 심사위원들은 잘생기고 예쁜 보도블록을 고르는 데만 집중하고 있었다. 아쉽지만 그래도 그 당시가 보도블록 발전 단계로 보면 첫발을 뗀 1세대라 할 수 있다. 하지

만 1세대의 기간이 너무 길었다. 블록 포장과 선물 포장을 구분 짓지 못한 착각이 오래 지속된 것이다. 그 결과 보도블록의 품질과 시공 기술이 제자리걸음을 하고 말았다. 장장 30년에 걸쳐 흥(興)했으니 그 무지와 선입견의 생명력이 대단하다 할 수 있다.

꿈쩍도 안할 것 같던 1세대의 위엄은 하이힐 한 방으로 끝나 버렸다. 2008년 '서울거리 르네상스'라는 타이틀의 정책 탄생으로 정밀 시공이라는 단어가 보도블록에 등장하기 시작했다. 그 당시 서울시장의 사모님 하이힐이 보도블록과 맨홀 틈새에 끼여 시작된 정책이라는 우스갯소리도 있었다. 하이힐 덕에 보도블록은 마침내 포장(Packing)이 아닌 포장(Pavement)으로 거듭난 것이다.

Block 2

보도블록, 누구의 잘못인가?

하이힐이 뿔났다
진흙탕 개싸움
보도블록 카르텔
코끼리 열차
불편한 진실
보도블록 르네상스

장인정신
보행안전 도우미
절단 그리고 조화
점토바닥벽돌 이야기
보도블록과 함께 춤을
점자블록 수난시대

하이힐이
뿔났다

길을 가다가 보도블록을 보고 분통을 터트린 경험이 한 번쯤은 있을 것이다. 깨지고, 비뚤어지고, 맨홀 주변이 엉성하게 시공되어 틈새가 많이 벌어져 있고, 비만 오면 물이 고여 징검다리 건너듯이 보도를 갈지자(之)로 걸어야 하는 난감한 상황이 발생하기도 한다. 특히 하이힐을 신은 여성들에게 있어 보도블록과 맨홀이 뒤섞인 보도는 공포의 대상이기도 하다. 실제 2011년 공중파의 한 방송사에서 하이힐 신은 여성이 보행 중에 맨홀 구멍이나 보도블록 틈새에 끼여 교통사고가 발생할 수 있다는 것을 가상으로 연출한 바 있다. 하이힐 굽의 지름(5~13㎜)이 보도블록 틈새(시공기준: 2~3㎜)보다 크기 때문에 수치상으로는 뒷굽이 보도블록 틈새에 끼일 수 없지만, 잘못 시공되거나 파손되어 벌어진 보도블록이라면 상황이 달라진다는 것이다.

 2008년 1월부터 서울시가 추진한 '시민의 행복 공간 창조'를 위한 서울 거리 르네상스 사업은 2010년까지 5,026억 원의 예산을 투입하여 453km의 길을 정비하겠다는 계획이었다. 본 사업은 '여행(女幸)프로젝트'[01] 사업과 맞물려 당시 서울시 핵심사업 중 하나로 매우 활발하게 진행되었다. 서

사진 01 보도블록 파손_ 보도블록이 깨지고 틈새가 벌어져 있다.

울거리 르네상스 사업은 관광객과 시민이 많이 이용하는 도심지 보도에 정비 우선순위를 높게 부여하여 사업효과를 극대화하고, 설계에서 시공까지 제도개선을 병행한다는 내용이었다. 그동안의 서울시 보도블록의 실태와 문제점이 과연 어땠었기에 제도개선이 필요했던 것일까?

첫째, 설계 문제다. 모든 공사(工事)에는 설계도서가 필요하다. 설계도서에서 가장 중요한 것은 설계도면과 공사시방서이다. 공사가 완료되었을 때, 도면에 그려진 대로 시공이 잘 되었는지, 시방서에 기재된 대로 공사가 순조롭게 진행되었는지를 평가하는 중요한 서류이다. 이전에는 설계도서에 포함되어야 할 구간별 평면도, 종단면도, 횡단면도 없이 달랑 평면도 한 장으로 모든 사업이 진행되고 있었다는 것이 문제였다. 공사시방서 역시 상세한 수치와 내용 없이 추상적으로 애매하게 작성되어 있어 부실시공 여부를 판단하기에 턱없이 부족한 수준이었다.

둘째, 소통 문제다. 공사에 사용되는 보도블록의 종류, 색상, 패턴 등 보도블록 자체의 미적 요소와 주변 환경과의 조화를 검토하는 디자인 적격 판단을 전적으로 발주처 공무원이 한다는 것이다. 전문가 또는 인근 주민 의견이 반영될 수 있는 경로가 거의 없었다.

셋째, 시공 문제다. 잘못 끼워진 첫 단추(설계)로 인해 다음 단계(시공)를 아무리 잘하려 노력해도 첫 단추를 뺐다가 다시 하지 않는 한 도리가 없다. 부실한 도면과 시방서는 결국 현장에서 기능공의 임의시공(대충대충 빨리빨리)으로 이어지게 된다. 세심하게 잘 시공할 필요가 없도록 만들어진 설계도서는 고품질의 시공으로 이어질 수 없다는 얘기다. 결국 하이힐이 빠질 틈이 생기고 튀어나온 보도블록에 발이 걸려 넘어지는 몹쓸 거리가 만들어진다.

넷째, 자재 문제다. 보도블록을 구매하는 소비자가 일반 국민이었다면 지금의 보도블록은 아마도 최첨단 또는 예술의 경지에 도달할 정도로 발전했을지도 모른다. 업무가 과다한 관공서 공무원이나 건설사의 구매담당이 선정하다 보니 깐깐하고 까다로운 소비자가 되지 못했다. 그러다 보니 형식적인 검수[02]를 하게 되어 불량제품이 현장에 반입되더라도 그대로 시공하고 만다. 이는 비단 보도블록에만 국한되는 내용은 아닐 것이다.

하이힐 얘기를 하나 더 하고자 한다. 보도블록을 한 장 한 장 놓다 보면 가장자리(경계석 등)와 만나게 된다. 마지막 한 장을 끼워 넣을 때 공간이

사진 02
보도블록 파손 현장_
보도블록 시공 오차로 시간이 지남에 따라 틈이 한 방향으로 집중되면서 넓은 공간이 형성된다. 과도한 틈새는 하이힐 신은 여성에게 지뢰밭과 같다.

부족하면 블록을 잘라서 끼워 넣어야 한다. 사진 02는 귀차니즘에서 발생된 보도블록 파손 현장이다. 잘라서 끼워 넣어야 할 공간이 생각보다 협소하여 그 전에 설치했던 보도블록을 조금씩 더 벌려 블록 자르는 공정을 임의로 생략한 채 시공한 것이다. 기준보다 줄눈 틈이 과하게 발생하였지만 이를 무시하고 작업을 마두리한 결과, 시간이 지남에 따라 틈이 한 방향으로 집중되면서 넓은 공간이 형성되었다. 하이힐을 신은 여성에게 이곳은 지뢰밭이다.

NOTE
01 "여성이 행복한 서울 만들기 프로젝트"의 줄임말로서, "여성이 행복하면 모두가 행복하다"는 슬로건 아래 여성의 시각과 경험을 기존의 여성가족 분야뿐만 아니라 교통·주택·문화 등 도시생활 전반에 걸쳐 정책기획, 입안단계부터 반영하는 민선 4기 서울시의 새로운 여성정책명이다.
02 물건의 규격, 수량, 품질 따위를 검사한 후 물건을 받는 것

진흙탕
개싸움

 보도블록 공사에 사용되는 자재에 관한 이야기를 좀 더 해 보려 한다. 단순히 품질에 대한 관점뿐만 아니라 계약과 영업에 대한 사항도 짚어 보자. 공공기관에서 건설공사를 시행하다 보면 꼭 필요한 주요자재가 있으며 부수적인 자재, 즉 부자재가 있다. 보도 포장공사의 경우에는 보도블록과 경계석이 주요자재이며 모래나 자갈 등 골재가 부자재에 속한다. 도심지의 차도 포장공사의 경우는 아스콘이 주요자재라 할 수 있다.

 과거에는 모든 자재 업체가 공사를 수주한 건설업체로부터 하도급을 받아 자재를 납품했다. 건설업체는 이를 악용하여 자재 업체에 저가납품을 강요하고 대금 결제를 지연하는 등 자신의 이윤을 높이기 위해 중소기업이 어려움을 겪게 했다. 이에 정부에서는 1996년부터 수주능력이 취약한 중소기업을 보호한다는 취지에서 공사에 필요한 자재 구매를 공사발주와 분리하도록 제도를 변경했다. 2010년에는 공공기관이 공사를 발주할 때 소요되는 자재 중에서 중소기업청장이 지정한 품목의 경우 적정가격에 직접 구매하여 관급자재로 제공하는 공사용 자재 직접구매 제도가 시행되었다.

 제도 시행 취지는 구구절절 옳다. 하지만 직접구매제도는 품질이 낮은 제품이 현장에 들어오더라도 시공사가 이를 거부하기가 어렵다는 사실이 간과되었다. 시공사가 자재 업체에 저가납품을 강요한다는 불합리한 관행이 문제라면 문제의 본질을 찾아 해결하려는 노력이 우선되었어야 했다. 자재 구매 권한을 시공과 품질을 담당하는 건설업체에서 공공기관으로 옮겨 마치 문제 해결을 한 것처럼 눈속임한 것에 지나지 않는다.

만일 공사용 자재의 직접구매 제도가 합리적인 선택이었다면 보도블록 제조업체 영업자들의 한탄 섞인 푸념은 사라졌을 것이다.

보도블록 영업은 진흙탕 개싸움

보도블록 팔기가 그만큼 어렵다는 시장 상황을 드러내는 함축적인 비유다. 어쩌다 보도블록 영업이 볼썽사나운 개싸움이 되었을까? 모든 경제에는 수요와 공급의 법칙이 존재한다. 찾는 수요가 많아지면 생산과 동시에 날개 돋친 듯 팔리게 되고, 반대의 경우에는 창고에 재고가 쌓여 경영의 어려움을 겪게 될 것이다. 여기서 수요를 이끌어내는 제조업체의 경쟁력은 무엇일까? 수요자의 마음을 움직일 수 있는 차별성을 가지고 있느냐 없느냐일 것이다.

혼란과 갈등은 바로 여기서 비롯된다. 가장 큰 문제는 업체와 제품의 경쟁력을 구분할 수 있는 변별력이 크지 않다는 점이다. 이는 변별력 없는 수학능력시험 때문에 우열을 가리기 힘든 상황과 비슷하다고 할 수 있겠다. 모양새도 비슷하고, 각종 시험결과도 대동소이하여 사용자로서는 제품을 선택하기가 어렵다. 바닥 포장재는 땅바닥에 묻히거나 박히거나 붙여서 시공된다. 즉, 설치 전에는 3차원적인 모습을 보이다가 포장재로서 소임을 시작하면서 2차원적인 평면 제품으로 단순화된다. 하지만 시련은 이때부터 찾아온다. 온갖 사람들로부터 밟힘을 당하고, 허락되지 않은 차들이 올라타기도 한다. 때론 오물을 뒤집어쓰기도 하고, 씹다 뱉은 껌과 담배꽁초로부터 수난을 당하기도 한다. 그러다 보니 아무리 깨끗하고 멋스럽게 가공된 보도블록이라 할지라도 더럽게 오염되는 데는 수개월이면 족하다.

이렇듯 다양한 이유로 보도블록을 구매하는 공공기관에서는 제품의 품질을 따지지 않게 되고, 제조사에서는 제품 개발보다 청탁과 접대를 마케팅의 주요 수단으로 사용한다. 자재 구매절차가 혼탁한 시장에서 오로지 품질을 전면에 내세워 진검승부를 하고자 하는 신생업체의 진입은 거의 불가능에 가깝다. 이러한 상황은 약의 효능과 가격이 비슷한 제약회사들이 병·의원과 의사, 약사 등을 상대로 벌이는 리베이트 경쟁과도 크게 다르지 않다. 하지만 이 문제는 2010년 화학 의약품 거래 및 약가제도 투명화 방안에 따라 쌍벌제를 적용하여 리베이트를 제공한 제약사뿐만 아니라, 이를 받은 병원이나 의사 등에 대해서도 징역 또는 벌금형을 받도록 강화되면서 사그라졌다. 의약품 통계에 따르면 국내 의약품 시장의 규모는 2013년 기준 약 20조 원이다. 2013년 서울시 예산이 20조 6,287억 원이니 얼마나 큰 시장 규모인지 짐작할 수 있다. 천문학적인 시장규모를 가진 데다가, 최종 소비자인 국민이 리베이트를 근절하자는 여론이 만들어지면서 다행히 법제화될 수 있었다. 그러나 보도블록의 시장규모는 약 5,000억 원이고 최종 소비자가 공공기관이기 때문에 문제가 사회적으로 공론화되기가 쉽지 않았다. 보도블록 시장에서의 어두운 리베이트 관행은 지금도 계속되고 있다. 정작 업계 내부에서는 그 심각성을 제대로 느끼지 못한 채 말이다.

보도블록
카르텔

우리나라 보도블록 포장공사는 크게 자재 발주와 공사 발주로 구분된다. 블록은 공사 발주처 담당 공무원이 나라장터(조달청)를 통해 구매하여 시공사에 지급하는 구조이다. KS규정에서 요구하는 최소한의 품질 기준을 만족하는 제품이라면 나라장터에 올리는 건 어렵지 않다. 제품의 KS심사는 기술표준원이라는 국가기관에서 수행하고 있고, 조달청이라는 국가기관에서는 심사결과를 근거로 해당 제품을 공공기관에 팔 수 있도록 허용하는 이중 구조로 되어 있다. 물론 이 절차가 완벽하여서 현장에 반입되는 제품에 문제가 전혀 없다는 것은 아니다. 불량 제품이 현장에 납품되는 사례가 간혹 있기 때문이다. KS인증을 받은 제품은 현장 납품에 대한 별도의 확인이 필요 없음을 인정받은 상품이다. 하지만 때때로 제조업체가 이러한 제도적 허점을 악용하곤 한다. 제대로 양생이 되지 않은 제품이나, 저렴한 가격의 골재 또는 적은 양의 시멘트로 배합하여 강도가 떨어지는 제품을 반입하는 경우가 있다. 하지만 지급 자재에 품질 문제가 발생할 경우에는 제조사를 제재하는 처벌 강도 수준이 강력하므로 흔한 일은 아니다.

그렇다면 지급된 자재를 이용하여 시공을 하는 시공사의 공사 품질에 대한 문제는 어떻게 이뤄지고 있는지 살펴보자. 서울시의 경우 블록 포장 공사를 대규도로 시행하는 경우가 많지 않다. 보도블록 공사는 서울시가 직접 하지 않고 대부분 25개 자치구에서 공사 발주와 감독 그리고 사후 유지관리까지 도맡아 하고 있다. 또한 25개 자치구에는 매년 도로 포장 유지보수의 연간 단가 계약업체(포장전문 건설업체)를 입찰과정을 통해 선정하여 크고 작은 포장 공사를 시행하고 있다. 문제는 바로 포장전문 건설업체의 규모이다.

먼저 양적 규모를 보자. 우리나라의 전문건설업종은 포장, 토공, 상하수도 등 20여 개에 달한다. 일반적으로 포장전문건설업의 등록업체수는 전국에 2,271개가 있으며, 서울시에만 515개가 몰려 있다 [03] 문제는 이 업체들의 질적 규모에 있다. 서울시 포장건설업체에 근무하는 상시 근로자 수가 평균 5~8명 정도 된다고 한다. 이 인원으로 공사를 직영한다는 건 현실적으로 불가능하다. 하지만 현재 포장 관련 입찰 공고 시 참가자격을 보면 포장공사업 면허 등록업체라는 자격요건은 있어도, 상시 고용인원에 대한 제한규정은 없다. 포장공사업 면허를 등록하기 위해서는 여러 가지 조건이 있지만, 그중에서 3억원 이상 자본금과 3명 이상 기술자만 있으면 허가를 받을 수 있다.

블록 포장 공사현장을 점검하다 보면 간혹 당혹스러울 때가 있다. 광진구 현장에서 만났던 현장소장을 그 이듬해 송파구 관내에서 마주친다든가, 종로구 현장에서 일하고 있던 기능공(블록을 자르고 포설하는 기능인)을 다음 달에는 관악구 현장에서 볼 수 있다. 물론 아는 사람을 만나서 어색하지도 않고 일처리도 쉬울 때도 있다. 그런데 가끔 웃지 못할 해프닝도 벌어진다. 간혹 현장소장이 명함을 잘못 꺼내서 건네주는 경우가 있는데, 이는 지난번 현장(다른 업체 소속으로 일하던 때)에서 근무할 때 만든 명함이다. 한번은 몇 년전부터 자치구 공사를 맡고 있는 시공사 직원을 만나 명함을 다시 받았는데, 그사이 소속 회사가 바뀌어 있었다. 개인의 이직인지 회사의 이름이 바뀐 것인지 정확히 알 수는 없지만 이런 일이 있을 때마다 당황스럽다.

무엇이 이런 상황을 만들고, 문제가 있다면 어디서부터 잘못된 걸까? 현장소장과 기능공들이 소속을 바꿔가면서 일을 하는 이유는 무엇일까? 과연 이들을 프리랜서란 멋진 호칭으로 부르면 좋은 것인가?

하지만 현실은 그리 아름답지 않다. 아니 답답했다. 서울시의 입찰 제도를 살펴보면 발주하는 대부분 도로 포장공사의 입찰방법은 적격심사[04]를 통한 업체 선정방식이다. 적격심사의 취지는 업체의 경쟁력 제고와 보호 육성 및 계약 이행 능력이 없거나 부족한 업체가 덤핑 투찰로 낙찰되는 것을 예방하고 계약 이행의 신뢰성을 확보하는 것이다. 적격심사 결과는 주로 예정가격(이하 '예가'라고 함) 이하를 써낸 투찰자 중에서 낙찰 하한률 이상 최저가격을 적어낸 업체가 최종 낙찰자로 선정될 가능성이 크다. 예가는 투찰자들이 선택한 2개의 예비가격 번호 중 가장 많이 추첨된 4개의 평균 금액으로 정하게 되는데, 이 예가를 예측하는건 불가능하다. 그야말로 복불복인 것이다. 하지만, 가능성을 높이는 방법이 있다. 바로 투찰자들끼리 예비가격 번호를 사전에 협의하여 예가 범위를 좁히는 것이다. 예를 들어, 50개의 업체가 하나의 공사에 참여하려고 하는데, 수행능력이 비슷하다고 가정할 경우, 낙찰받기 위해 가장 중요한 것은 바로 예가를 추측하는 것이다. 하지만 현실적으로는 이를 추측 또는 계산하는 건 불가능하다. 단, 입찰에 참여하는 업체 중에서 과반수가 넘는 업치가 사전에 의논하여 동일한 가격을 써내기로 약속한다면 상황은 달라질 수 있다. 여가가 사전에 협의한 업체들에 의해 결정되고 그중 한 업체가 낙찰될 가능성이 매우 커지게 되는 것이다. 수십 개 또는 수백 개의 업체가 똘똘 뭉쳐 견고한 카르텔을 형성하여 낙찰을 받는 것이다. 낙찰받은 업체는 대부분 서류상으로만 계약 상대자가 되고, 실제 현장에서 일하는 업체는 카르텔을 조직한 큰 손에 의해 미리 정해진 우선순위에 따라 차례대로 일을 수행하게 된다. 순수한 마음으로 입찰에 참여한 다른 건설업체는 들러리만 서게 될 뿐이다.

거짓말이 더 큰 거짓말을 낳듯, 앞서 비롯된 문제는 점점 더 큰 문제로 확산된다. 입찰에 성동한 업체인 계약상대자는 실제 도급액 중 10% 정도의 수수료만 챙기고 나머지 차액을 하도급 업체에 넘긴다. 이미 업계에서는 공공연한 비밀이 된 지 오래다. 대다수 전문건설업체는 대표이사, 현장소장, 공무부장 등을 제외하면 실제 현장에서 직접 일할 수 있는 직원은 거의 없다. 이는 바로 불법하도급 계약으로 이어진다. 일 년 열두 달 동안 일거리가 꾸준히 있는 분야도 아니고, 발주되는 물량에 비해 업체의 수가 너무 많은 것도 원인이다.

중간에서 하도급을 받은 업체는 이윤을 남기기 어려운 공사비로 시공해야 해서 표준시공을 할 수 없는 악순환에 빠지게 된다. 그뿐만 아니라, 이런 방법으로 공사가 진행될 경우 실제 공사현장에서 일하는 근로자(기능공)가 제대로 된 근로계약과 적정 임금을 받는다는 건 현실적으로 불가능하다. 공개석상에서 보도블록의 표준품이 부족해서 정밀 시공이 어렵다고 주장하는 건설업체 관계자의 주장이 번번이 설득력을 잃는 이유도 결국은 곳곳에 만연된 불법 하도급 때문이라 할 수 있다. 하지만, 필자는 이러한 제도권 내에서 카르텔을 형성하고 부실시공을 일삼는 행위만을 탓하고 싶지 않다. 문제의 본질은 사실상 추첨방식으로 전락해 기술개발보다는 복권처럼 요행을 바라게 만든 제도 즉, 입찰구조에 있다. 이 정도라면 앞서 언급했던 당혹스럽고 웃지 못할 일이 발생하는 원인을 이해할 수 있을 것이다.

보도블록 업체 선정에 대한 카르텔도 없지 않다. 부정청탁 및 금품 등 수수의 금지에 관한 법률(일명 김영란법)을 발의한 김영란 전 국민권익위원장은 우리나라의 부패유형은 권력성 부패로 고위급, 정치권, 기업인 등 엘리트 인맥으로 형성된 '엘리트 카르텔'이라고 언급했다. 너무나 잘 맞아 떨어진다. 서울시의 구청장(또는 고위 간부)이 찍은(소개한) 업체의 보도블록을 구매하라는 압력을 받은 일선 공무원이 적지 않다고 한다. 엘리트 카르텔은 크고 굵직한 비리에만 존재하지는 않는다.

NOTE
03 대한전문건설협회 홈페이지(http://www.kosca.or.kr) 참조
04 입찰 결과 최저가격을 제시한 업체 순으로 적격심사 기준에 따라 심사하여 최종적으로 낙찰자를 결정하는 행위

코끼리 열차

수도권에 거주하는 사람들이라면 과천에 있는 서울대공원에 한 번쯤 가 보았을 것이다. 주차장에 차를 놓고 놀이동산이나 동물원을 들어가기 위해 주로 이용하는 코끼리 열차도 기억하고 있을 것이다. 만약 다시 서울대공원에 갈 일이 있다면, 햇볕이 따뜻한 봄날이나 낙엽이 지기 시작하는 가을에는 코끼리 열차 대신 동물원 입구까지 걸어가 보도록 하자. 쉴 새 없이 지나가는 코끼리 열차에 손을 흔들어 주기도 하고, 호수 주변에서 잠시 쉬어가기도 하면서 말이다. 그래도 시간이 허락된다면 바닥을 한 번 살펴보자. 그곳에 우리나라의 보도블록 역사가 숨어 있기 때문이다.

과거 '코단'이라는 보도블록 생산업체가 있었다. 코리아(Korea)와 덴마크(Denmark)[05]의 글자를 따서 이름 지은 회사인데, 이 업체가 바로 현재의 보도블록 형태인 인터로킹 블록[06]을 1982년 경기도 이천에서 최초로 생산하였다. 이 업체에서 본격적으로 생산된 블록을 이용하여 시공했던 현장이 바로 코끼리 열차가 다니는 서울대공원이다. 지금으로부터 약 30년 전에 설치된 것인데, 놀라운 사실은 지금도 포장상태가 매우 양호하며, 오히려 지금보다 더 정성스럽게 시공한 흔적이 보인다는 점이다.

사진 03 서울대공원 진입로_ 약 30년 전에 설치되었지만 지금도 포장상태가 매우 양호하다.

그렇다면, 왜 회사 이름에 덴마크를 의미하는 '단'자가 붙게 됐을까? 그것은 바로 덴마크 기술자가 와서 보도블록의 생산과 시공에 직접 참여했기 때문이다. 바꾸어 말하자면 그 당시 우리나라 기술력으로는 보도블록 하나 제대로 깔지 못하는 수준이었다는 것이다.

첨단기술 분야에서 흔히 쓰는 용어 중에 기술격차라는 말이 있다. 보통 선진국과의 기술 수준 차이를 얘기하는 것인데, 보도블록 시공이 첨단기술은 아니지만, 굳이 말하자면, 보도블록 시공의 기술은 30년 이상 차이가 난다. '알지 못해서' 또는 '노력해도 쉽게 따라갈 수 없는' 기술격차가 있는가 하면, '노력 부족' 혹은 '의도적인 부실시공'에 의한 기술격차가 있을 수 있다. 노력해도 따라갈 수 없는 경우가 더 극복하기 어려운 상황이라고 생각할 수 있지만, 관련 분야 인재양성과 교육에 투자하고 국가에서 관심을 두고 지원하는 노력이 지속적으로 뒤따른다면 기술격차를 극복하는 건 오히려 쉬운 문제일 수도 있다.

'의도적 부실시공'은 어떠한가. 충분히 잘할 수 있는 기술력이 있음에도 불구하고 고의로 또는 어쩔 수 없는 관행 등을 이유로 의도적으로 잘하지 않는 경우를 말하는 것이다. 원인은 돈이다. 보도블록의 의도적 부실시공을 어떻게 하면 줄일 수 있을까? 부실시공을 하여 이윤을 조금이라도 더 남기려 하는 시공업체가 하루아침에 개과천선하여 책임감 있는 견실 시공을 할 수 있을까? 아니, 감독 공무원이 공사 시작부터 준공까지 매일 현장에 상주하여 모든 공종을 감시해야 할까?

두 가지 모두 알맹이가 빠져 있다. 주인공은 빠진 채 조연들(시공사, 감독)이 주인공인 척하는 것이다. 견실시공, 정밀 시공에 따른 최대 수혜자가 누구인가? 보도를 이용하는 시민일 것이다. 튼튼하고 아름답게 포장된 보도블록은 사용자(시민), 구매자(공무원) 모두를 만족스럽게 하고, 수요·공급의 원칙으로 결국 보도블록의 공급량도 증가할 것이다. 반대의 경우는 어떨까? 보도블록의 부실시공이 지속되면 시민들은 보도블록에 대한 나쁜 인식(예산 낭비, 부실 시공)을 갖게 되고, 일선 공무원들은 이에 대한 민원이 불편하고 귀찮은 까닭으로 보도포장용으로 아스팔트 사용을 생각하게 될 것이다.

보도블록은 수많은 건설 재료 중 하나이다. 신기술, 신제품, 특허라는 수식어가 붙은 제품도 수백 가지가 넘는다. 누군가에 의해 애지중지 잘 만들어진 보도블록이 잘못된 시공방법과 불량 부자재의 사용으로 인해 파손되고 제 역할을 못한다면 만든 사람들 마음이 편할 리 없다. 하지만 일련의 건설공사에서 가장 약자에 속하는 제조업체는 잘못된 공사현장을 목격하더라도 시공사나 공사 감독에게 따지거나 건의하기가 어렵다. 다음 공사에서 배제되는 게 두렵기 때문이다. 부실시공의 원인이 시공사에 있음이 명백하지만 제조사가 책임을 떠안고 재시공하는 경우도 흔하게 볼 수 있다. 물론 불량 자재가 원인인 경우(특히, 투수블록)도 없지는 않다.

그렇다면 우리나라에서 보도블록의 정밀 시공은 정말 불가능할까? 기회가 있을 때마다 필자는 통합발주를 제안했다. 앞서 설명했던 분리발주제도를 폐지하자는 의견은 아니다. 차이가 있다면 건설업체가 보도블록을 구매하여 시공하는 것이 아니라, 보도블록 제조사가 납품과 시공을 한꺼번에 발주 받아 공사를 시행토록 하자는 것이다. 이는 건설업체보다는 제조사가 보도블록에 대한 이해력이 높고, 중요성을 알고 있기 때문에 책임감을 가지고 시공할 것이라 판단하기 때문이다. 물론 이또한 근본적인 해결방식이 아니며 다른 부작용을 낳을 수도 있다. 우리 사회가 보이지 않은 부분까지 철저하게 시공·관리하는 사회적인 공감대가 형성되어 있다면 사실 고민할 이유가 없는 문제다. 그렇지만 그때까진 제도적인 개선을 통해서라도 계속 보완해가야 하지 않겠는가.

NOTE
05 덴마크를 과거 단마크라 부르기도 했기 때문이라고 함.
06 블록과 블록의 맞물팀(Interlocking 인터로킹)을 이용한 블록이기 때문에 인터로킹 블록이라 함.

불편한 진실

보도블록이 엉성하게 시공되어 있거나, 깨지고 움푹 파여 있는 볼썽사나운 모습은 보는 사람들의 눈살을 찌푸리게 한다. 더욱이 몸이 불편한 교통약자에게는 보행 자체를 방해하는 큰 불편요소가 분명하다. 그러나 보도블록 관계자의 마음이 불편할 때는 정작 따로 있다.

필자는 보도블록 한번 잘 깔아보자는 의지로 1년에 한 번씩 일본을 다녀온다. 불편한 마음은 공항에서 짐을 찾아 밖으로 나오는 순간부터 시작된다. 공항 밖으로 나가면서 자연스럽게 눈에 들어오는 일본의 보도블록은 너무나 꼼꼼하고 깔끔하게 잘 정비되어 있다. 열등감과 창피함에서 비롯된 불편함이 시작되는 순간이다.

불편함과 함께 밀려오는 또 다른 감정이 있다. 그건 '화(火)'였다. 우리는 왜 보도블록도 하나 제대로 못 까는 것인지에 대한 원망 섞인 감정이다. 이 역시 불편한 마음에서 비롯된 자격지심일 것이다. 그래도 어렵게 대한해협을 건너왔으니 불편한 마음과 화는 잠시 누그려뜨리고 뭐라도 하나 배워가자는 자세로 탐방을 시작한다. 낯선 도시를 방문하게 되면 찾게 되는 가장 높은 타워, 가장 유명한 관광지 또는 맛집은 나에게 있어 관심사항이 아니다. 오로지 바닥만 보게 되는 이 직업병은 결국 목디스크까지 선사했지만, 지금도 어느 도시를 가든 시선은 언제나 바닥을 향해 고정되어 있다.

123층짜리 빌딩을 건설하고 인공위성 나로호를 발사할 수 있는 역량을 가진 자랑스러운 우리나라지만, 보도블록 하나 제대로 깔지 못하는 나라이기도 하다. 앞으로도 우리나라는 더 높은 빌딩을 건설하고 더 멋진 인공위성을 쏘아 올릴 것이다. 하지만 보도블록 하나 제대로 깔지 못하는 사회에서 세월호 같은 인재(人災)는 언제나 잠재되어 있다. 지나친 비약일 수 있지만, '세월호 사고'와 '대충대충 보도블록' 모두 기본에 충실하지 않아서 발생했다는 걸 누구도 부정하긴 어렵다.

일본의 부모들은 자녀에게 어느 장소에서든 남에게 폐를 끼치는 행동을 하지 말라고 가르친다. 대충 설치된 보도블록은 결국 이용자들에게 피해를 주고 예산을 낭비하기 때문에 일본에서는 좀대 허용되지 않는다. 남에게 절대 지지 말라고 가르치는 우리나라 부모들의 교육관은 결국 나 자신의 이윤만을 극대화하면 된다는 욕심에 사로잡히게 하여 저질 시공, 불량 시공을 낳게 한 것이리라.

물론 교육 탓만 하기에는 조금 미심쩍은 부분이 있는 게 사실이다. 우리나라가 기본에 충실하지 못한 이유는 환경과도 무관하지 않기 때문이다. 일본은 지리적으로 환태평양 조산대에 있어서 지진이 많다. 우리나라는 다행스럽게도 일본보다 지진의 발생량도 적고 강도도 약한 편이다. 이러한 환경 차이 때문에 고층건물 또는 대형 토목 구조물 건설 시 우리나라와 일본의 내진설계는 등급과 적용 측면에서 차이를 보인다.

지리적 환경적 장애가 있는 일본에서는 지진 대비를 고층 건물, 교량 등

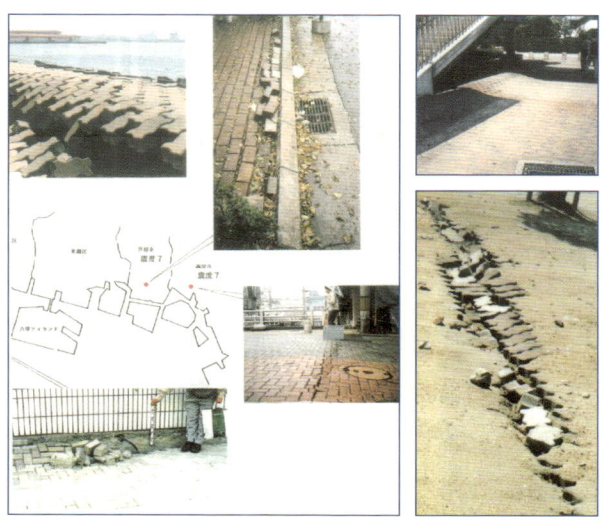

그림 01 한신·아와지 대지진 재해 인터로킹 블록 포장 피해조사서

대형 구조물에만 한정하지 않는다. 사회 전반적인 시스템에서 기본을 지킬 것을 적극적으로 강조하고 이를 철저히 실천하고 있으며, 그 대표적인 것 중 하나가 보도블록이다. 일본인들은 심지어 지진으로 인해 발생한 망가진 보도블록을 복구하기 전에 직접 상태 조사를 하고 원인 분석을 하여 향후 대책을 논의한다. 원인은 지진이라는 천재지변에 있었지만, 재해 탓만 하지 않고 지진에도 버틸 수 있는 보도블록을 개발하고 더 튼튼하게 시공할 방법을 찾아 피해를 최소화하기 위한 노력을 한다.

보도블록
르네상스

2008년 봄, 일본의 보도블록을 살펴보기 위한 서울시 담당자들의 '보행환경개선을 위한 선진 기술 습득 및 제도 연수'가 시작되었다. 오사카, 나고야, 교토, 가가와현 등 혼슈 지역과 시코쿠 지역을 쉴 틈 없이 돌아다니는 일정이었다. 나름 사전 준비를 한 덕에 출장 내내 매일 2~3회의 미팅, 양손에 들기도 벅찬 양의 자료수집과 현장 시찰이 병행되었다. 여행을 위해 특별히 구매한 DSLR 카메라의 메모리가 보도블록 사진으로 가득차서 현지에서 추가로 구매하고, 그래도 부족하여 비교적 덜 중요하다고 생각되는 사진을 지우기까지 했다. 현지에서 수집한 자료 또한 너무 방대하여 일행끼리 여행 가방에 나눠 담아야 수하물 추가 요금을 내지 않을 수 있었다.

가방에 가득 담긴 자료와 카메라를 바라보며 느낀 뿌듯함은 지금도 잊히지 않는다. 서울로 돌아가 일본에서 보고 배운 것들을 토대로 지침을 만들기만 하면 서울시 보도블록이 틀림없이 달라지리라는 희망 가득한 상상을 하고 있었다. 하지만 그 상상이 실현되기가 어렵다는 걸 알게 되기까지는 그리 오랜 시간이 걸리지 않았다.

출장 연수의 효과가 없었던 것은 아니었다. 단기적인 효과는 기대 이상이었다. 첫 일본 보도블록 연수를 마치고 돌아오기가 무섭게 출장결과 자료를 작성한 후 시장단 앞에서 보고했다. 보고를 준비했던 우리가 예상했던 최상의 시나리오는 '우리나라 현실에 맞게 정책을 만들어서 시행하라'는 시장 지시였다. 하지만 서울시장은 뜻밖의 반응을 보였다. 시 직원뿐만 아니라 일선에서 보도블록 포장 유지관리를 하는 25개 자치구 관련 부서 직원들도 모두 경험하고 올 수 있도록 해외 연수 프로그램을 만들고 예산을 지원하라는 것이었다. 그 당시 서울시는 한강 르네상스, 남산 르네상스, 서울거리 르네상스, 디자인 서울거리 등 디자인 열풍이 불고 있었다. 그 후로는 순풍에 돛단 듯 순조롭게 진행되었다. 100명에 가까운 서울시 및 25개 자치구 공무원들이 서울거리에 르네상스 바람을 불어넣기 위해 일본, 호주, 영국, 미국 등지로 흩어져 시찰하고 돌아왔다. 역시 듣는 것보다는 보는 것, 보는 것보다는 체험하는 것이 더 효과적이었다. 선진국에서 보고 배운 것들이 보도블록의 설계, 시공, 재료 분야에서 새로운 정책으로 만들어졌고, 그 정책이 바로 일선 현장에서 이행되는 선순환 구조로 빨리 정착된 것이다. 마치 지금까지 요령을 몰라서 그랬던 것처럼 말이다. 놀랍게도 그렇게 짧은 기간의 경험에도 실제 시공품질이 향상되기 시작했다. 정교하게 시공하는 요령을 알려준 교육 효과도 있지만 실제 현장에서 잘 시공하는지를 검사하는 확인절차와 그에 따라 잘못된 현장에 대하여는 시정지시를 하는 등 감시 조치가 병행되었기 때문에 나타난 결과이기도 했다.

하지만 해외 연수를 '겉모습'(블록의 마무리 시공 상태)에만 치중한 결과가 곧 나타나기 시작했다. 보도블록이 토목의 기초이자 기본이라면, 보도블록의 기초는 보도블록을 밑에서 받치고 있는 모래(잔골재), 기층골재

사진 04 구조물 주변 정밀 시공 개선 사례 (변경전 - 후)

사진 05 보도블록 침하 사례_ 보도블록의 기초는 모래, 기층골재, 줄눈 모래이다. 이 기초를 등한시하고 모양에만 치중하면 그야말로 사상누각이 된다.

(굵은 골재) 그리고 보도블록 사이에 채우는 줄눈 모래이다. 이 기초를 등한시하고 모양에만 치중한 보도블록은 곧 주저앉고 무너지기 시작했다. 사상누각이 따로 없었다.

설상가상으로 서울거리 르네상스 사업이 좌초되는 위기마저 찾아왔다. 2008년부터 시작된 이 사업은 애초 10년을 목표로 하는 장기 계획이었지만 시의회의 반대로 3년짜리 단기 사업으로 전락하고 말았다. 2010년 7월 오세훈 서울시장이 재선되었지만, 시의회가 여소야대 형국으로 뒤바뀌면서 토건 사업이라 비난받던 사업 예산이 줄줄이 취소되고 복지예산으로 옮겨가기 시작했다. 보도블록은 자연스럽게 가장 먼저 줄여야 할 예산 중 하나가 되고 말았다. 당선 직후, 무상급식, 보편적 복지를 반대한 서울시장이 시장직을 걸고 시민에게 정책을 묻는 주민투표를 시행했다. 참여율 미달로 투표결과도 확인하지 못한 채 2011년 10월 26일 서울시장 보궐선거가 치러졌고, 시민운동의 리더였던 박원순 호가 새롭게 출범하게 되었다.

보궐선거 전 좌초될 뻔했던 도로 르네상스팀(서울시 보도관리 업무를 총괄했던 팀으로 도로관리과 소속)은 박원순 시장 취임 후 오히려 '팀'에서 '과'로 위상이 높아졌다(2012년 9월). 심지어 보도블록혁신단이라는 조직과 보도블록혁신단장이라는 직위까지 만들며 핵심사업 대상이 되었다.

박원순 시장은 자료수집이 취미이고 일하기를 즐기는 일 중독자였다. 시장 취임 후 부서별 업무보고 자리에서 그간 축적된 자료와 경험이 내공으로 작용하여 업무 지시사항이 쉴 틈 없이 쏟아져 나왔다. 더구나 '걷는게 운동'이라는 시장에게 보도블록 관련 업무는 한시도 빠지지 않고 강조하는 관심 분야 중 하나가 되었다. 보행자 친화적인 거리를 만들겠다는 시장의 공약사항, 그리고 취임 후 한 번 깔면 100년이 가는 보도블록을 만들어 보라는 지시사항은 필자가 몸담고 있었던 팀에서 반드시 풀어야 하는 숙제였다.

수십 번의 회의와 보고, 후속 수정작업이 반복되었다. 그 후 기자설명회를 통해 발표된 사업이 바로 '보도블록 10계명'이다. 보도블록 10계명은 시장 취임 직후인 2011년 10월부터 시작하여 무려 6개월 동안 고민하며 준비했던 보고서였으니 얼마나 많은 수정작업이 이루어졌겠는가. 이만하면 됐다 싶어 보고서를 시장님 앞에 놓을 때마다 번번이 퇴짜를 맞아야만 했다. 이 정도 계획으로 일본 수준의 보도블록을 만들 수 있겠냐는 핀잔과 함께 말이다.

"도쿄에 직접 가서 코도블록(정밀 시공)을 확인하세요. 이렇게 해서는 일본을 못 따라갑니다. 보행자 친화적(Pedestrian Friendly) 도로, 자전거 도로 등 해외사례를 통해 깊이 있는 연구가 필요합니다. 요코하마 사례를 참고하세요."

결국 두 번째 일본 연수가 시작되었다.

장인정신

2012년 3월 29일. "걷기 편한 행복 거리 만들기 추진을 위한 공무 국외출장" 길에 올랐다. 2008년 4월 방문 이후 두 번째 일본 방문이다. 이번 출장은 지난 방문에서 했던 실수를 되풀이하지 않기 위해 철저히 보도 유지관리 기관(부서) 미팅 위주로 일정을 조율했다. 출국 2개월 전부터 방문하고 싶은 도시 및 기관의 담당자와 사전 접촉을 시도하고 초대를 받기까지 지속적인 이메일 교환이 이루어졌다. 그들로부터 초대를 받기까지 필요한 절차는 매우 까다로웠다. 우리의 방문 의도, 우리가 알고자 하는 것, 반대로 그들이 제공했으면 하는 것 등 사전 준비절차가 쉽지 않았다. 자의 반 타의 반 철저한 준비로 인해 출장은 내내 별다른 사고 없이 사전에 조율된 대로 순조롭게 진행되었다. 공식적인 방문기관은 도쿄도청 건설국 도로관리부, 요코하마시청 도로국과 도시디자인실, 그리고 보도블록을 생산하는 업체의 공장이었으며, 기관방문에 이어 각 기관 담당자로부터 다양한 환경으로 가꾸어진 보도블록 시공 현장을 안내받았다. 지난 일본 방문 시에는 깨끗하게 정돈된 거리, 정교하게 시공된 보도블록을 보고 놀랐다면, 이번 방문은 일본인의 손님 접대 매너와 장인정신에 매료되었다고 할 수 있다.

日本歩道舗装に関する質問及び要請資料
○歩道舗装の日常メンテナンスへの関連

質問項目	回答案	回答課	資料番号
・ 歩道管理をどこでするのか？ソウル市の場合、自治区でおり、日本はどこで管理するか。	横浜市内における市道、県道の歩道の管理は各区の土木事務所です。横浜市では 18 土木事務所で管理しています。なお、国道部は一部を除き国で管理しています。	維持課	
・ 総歩道延長は？	道路延長は 7,560km あり 歩道延長　約 2,463km 歩道面積　約 6,545 千 m2 です。	維持課	
・ 歩道破損の申告および整備の手順？	市民からの通報→各区土木事務所職員が現場調査→暫定補修（直営か補修業者）→予算要求後 本補修	維持課	
・ 歩道管理システムの開発・構築可否質問。構築の時、システムの示現の要請	ご質問の歩道の管理を目的とするシステムは使用していません。	管理課	
・ 透水舗装（透水ブロック、透水コンクリート）などを義務的に使用するのですか。	本市では平成 2 年度から試験的に透水性舗装を採用し、平成 6 年度から歩道の舗装に採用しています。温暖化対策として保水ブロックを使用しています。 （別添の「歩道の構成資料」をご参照ください。）	維持課	①
・ 歩道管理の予算はどの位ですか？（延長及び面積別、25 個の区別）	本市道路修繕費予算が約 95 億円、そのうち歩道の補修予算として約 3 億 6 千万円です。平成 22 年度の施工実績として、 補修延長 23,370 m 補修面積 54,048m2 施工しています。	維持課	
・ 歩道施工及び維持管理に関するマニュアル資料要請。	別添の「自転車乗入れ施設の施行に関する基準」「歩道の一般的構造に関する基準改正のポイント」をご参照ください。	維持課	①
・ 視覚障害者の点字ブロックの設置マニュアルなどバリアフリー街に関連の資料要請	別添の「横浜市福祉のまちづくり条例　施設整備マニュアル」をご参照ください。	施設課	
・ 歩道舗装工事、市民参加の事例を質問。	市民が直接補修に携わることはありません。 清掃とか日常のパトロールは市民参加型（ハマロードサポーター制度）で実施しています。	維持課 管理課	⑨
・ ボラードの設置基準および管理方法	設置基準は別添資料のとおりです。 設置する場合は、歩道の有効幅員を考慮し、必要に応じて設置しています。（別添	維持課	②

그림 02

방문객을 위한 사전 준비 자료_
출국 2개월 전부터 방문지와 기관의 담당자와 사전 접촉을 시도하고 지속적인 이메일 교환이 이루어졌다. 까다로운 절차를 거쳤지만 덕분에 방문 중에는 잘 짜인 미팅 일정과 장소, 담당 실무자와 긴밀한 대화를 통해 실질적인 정보를 얻을 수 있었다.

우리 일행을 맞이하는 그들의 모습은 마치 우리가 국빈이 된 듯 착각에 빠지게 했다. 흐트러짐 없는 깍듯한 인사, 정확하게 잘 짜여진 미팅 일정과 장소, 사전 질문 자료와 관련된 담당 실무자의 전원 참석, 질문에 대한 친절하고 솔직한 답변 등 하나하나가 감동을 주기에 충분했다. 여러 가지 질문 중 우문현답 몇 가지를 소개해 볼까 한다.

사진 06 블록 포장 기능공 일본(좌)과 우리나라(우)

Q 일본에서는 보도블록을 제대로 시공하지 않은 업체들에 어떤 불이익을 주는가?
A 보도블록을 제대로 시공하지 않는 경우는 거의 없다. 다만, 예상치 못한 파손(침하 등)이 발생하면 시공업체에서 즉시 원상복구 한다.
Q 보도에 차가 올라타거나 불법 주차를 했을 때 범칙금이 얼마나 되는가?
A 불가피한 경우를 제외하고 보도에 차가 올라가지는 않는다. 있을 수 없는 일이다. 만일 올라탄다면 벌금이 아마도 50만 원 이상은 될 것이다. 하지만 한 번도 부과해 본 적은 없다.

　　일본에서 부실시공은 있을 수 없다는 그들의 결연한 표정, 그리고 사람이 이용하는 보도에 자동차가 아무렇지도 않게 올라간다는 서울의 현실이 무척이나 신기하다는 듯 의아해 했다. 그들의 표정을 보고 있노라니 부끄러움을 감출 수 없었다. 가장 흥미로웠던 것은 예정된 일정에 없었던 현장 방문이었다. 기관방문을 마치고 다른 약속 장소로 이동하던 중 차창 밖에 보도블록 공사현장이 포착된 것이다. 당초 방문 예정이던 다음 기관에서의 미팅시간을 절반으로 줄이고, 오던 길을 재촉하여 돌아가 그 현장에 당도하였다. 허락도 없이 불쑥 현장을 방문한 상황이 되었지만, 다행히 큰 어려움 없이 현장의 모습을 카메라에 담을 수 있었다. 다만, 공사 진행에 방해가 되거나 공사장 주변을 통행하는 시민들에게 불편을 초래하는 경우, 우리의 행동은 여지없이 저지당하곤 했다.

'장인정신'과 '안전'. 공사장에서 느껴지는 그들의 모습이다. 대충대충해도 될 법한 일들에 정성을 보인다. 저렇게까지 해야만 하는 이유가 궁금했다. 하지만 둘어봐도 대답은 노코멘트, 그들은 묵묵히 자기 일만 열심히 했다. 사전 약속이 없었기 때문인 걸 알기에 눈치단 보면서 이리저리 왔다 갔다 하며 카메라 셔터만 열심히 눌러댈 수밖에 없었다.

그 때 무릎을 꿇고 보도블록을 재단하는 기능공의 모습은 신선한 충격으로 다가왔다. 건축사가 멋진 건물을 설계하는 듯 집중력과 열정이 그들의 표정과 자세에서 엿보였다. 단순히 보도블록을 적당히 잘라서 대충 끼워 넣는 작업을 하는 것이 아니라, 보도블록을 섬세하게 재단하고 때로는 조각가처럼 갈아내기도 하면서, 완성도 높은 작품을 만들어 팔기라도 할 것 같은 장인의 모습을 보여주고 있었다. 이렇게 설치된 보도블록은 정말 100년 이상 갈 것 같다는 확신이 자연스레 든다. 단 한 사람도 거들먹거리지 않고 본인의 일에 충실하고, 손놀림 역시 매우 익숙한 듯 보였다. 나의 시선을 그들의 손에서 얼굴로 옮겨가는 순간 새로운 것들이 보이기 시작하였다. 그건 바로 그들의 젊음이었다. 나이 듦과 젊음이 숙련도를 구분하는 잣대가 아닐뿐더러, 몸동작과 손놀림의 속도가 결과물의 완성도를 판단하는 기준도 아니다. 하지만 그들은 분명히 젊었다. 정확한 통계자료는 아니지만, 일본 관계자의 말을 빌리자면, 일본 보도블록 시공 근로자들의 평균 연령은 30세를 넘지 않는다고 한다.

필자는 지난 2008년부터 현재까지 대한전문건설공제조합 기술교육원에서 주관하고 있는 '보도 포장 전문기술 교육 과정'의 강사로 활동하고 있다. 이 교육 과정에는 보도 포장 공사의 발주처 감독뿐만 아니라 실제 작업에 참여하는 기능공들까지 의무 교육을 받게 되어 있다. 처음 2년 동안은 발주처와 건설업체 교육 과정을 따로 분리하여 운영하다가 교육 수요가 많지 않아 3년째 되는 2011년부터는 통합하여 운영하게 되었는데, 당시 교육을 듣던 현장 근로자들의 연령대가 발주처의 젊은 감독의 연령대보다 족히 2배는 많아 보였다. 내 판단은 틀리지 않았다. 강의를 거듭하는 동안 현장 기능공 몇몇 분들에게 같은 질문을 던져 보았다. 실제 현장에서 일하는 분들의 평균 연령대를 묻는 질문을 말이다. 대동소이한 답변이 돌아왔다. 50대 후반에서 60대 후반까지 분포하는 것으로 요약되었다. 심지어 이제는 일할 사람이 없어 많은 현장에서는 외국인 근로자들과 함께 일하고 있으며, 해마다 그 비율이 점점 높아지고 있다고 한다. 직업에 귀천이 없고, 남녀노소 구분이 점점 없어지는 것이 요즘 추세이지만, 거칠고 힘든 건설현장에서 나이 지긋하신 어르신이 일하고 있는 모습은 바람직한 사회현상은 아니다. 하지만 이를 바로잡기에는 필자의 경험과 지식이 한없이 부족할 뿐이다.

시선을 다른 곳으로 옮겨 보았다. 공사장 주변 안전관리 분야에서도 전혀 생각지 못한 모습을 목격할 수 있었다. 지금은 서울시에서도 벤치마킹하여 제도적으로 시행하고 있는 '보행안전 도우미'가 바로 그것이다. 공사장 주변을 통행하는 시민들의 안전을 책임지는 안전 도우미들은 깔끔한 옷

사진 07 일본의 보행안전 도우미_ 공사장 주변을 통행하는 시민들의 안전을 책임져 주는 안전 도우미들은 공사에 직접 관여하지 않는다.

차림새, 자신감 있는 몸짓 그리고 자부심 가득한 표정이었다. 이들은 공사에 직접 관여하지 않는다. 오로지 안전을 위해 임시보행로를 안내하고, 안전펜스와 보행 안내판 등 안전시설을 점검하고, 시각장애인, 어린이, 노약자 등 교통약자가 통행 시에는 동반하는 역할을 수행한다. 시공에 대한 기술을 배우러 왔던 일행은 이 분들의 바쁜 몸동작과 진지한 표정으로부터 큰 가르침을 받았다.

보행안전
도우미

보행안전 도우미[07]에 관한 내용을 좀 더 언급하고자 한다. 서울시는 공사로 인해 기존 보도의 통행이 불가하여 임시로 조성되는 보행로의 연장이 10m 이상일 경우에 보행안전 도우미 배치를 제도적으로 의무화하고 있다. 차도 또는 축소된 보도공간에 주로 조성된 보행로의 시민 안전과 불편 최소화를 위해 시행된 정책이다. 2012년 초, 박원순 서울시장은 "보도(步道)는 행정의 쇼윈도"라는 말을 처음으로 사용하였다. 서울에서는 1년에 10,000건이 넘는 크고 작은 공사가 보도에서 벌어지고 있다. 그곳은 매일 시민들이 오가는 위험한 공간이다. 보도 공사장의 관리 수준만 살펴봐도 그 도시의 행정을 평가할 수 있다는 말은 상당히 설득력이 있다.

보행안전 도우미는 오로지 보행자의 안전한 통행을 위한 역할 이외의 다른 목적으로 활동하지 못하게 되어 있다. 하지만 현실은 어떨까? 2012년 보행안전 도우미를 도입한 지 3년이 지난 일부 현장의 실상은 기본이 되는 도우미 복장부터 역할까지 대부분 원칙을 지키지 않고 있다. 누가 보더라도 그들은 보행안전 도우미가 아니라 작업 인부였다. 인부로서의 품삯과 보행안전 도우미로서의 품삯을 이중으로 받는 멀티 플레이어(?)였다. 이중으로 지

사진 08 서울의 보행안전 도우미_
잘못 활용된 사례-무늬만 보행안전 도우미

그림 03 서울의 보행안전 도우미 홍보물

급된 품삯이 더디로 지급됐는지 짐작은 가지만 아무도 알려 하지 않는다. 고양이에게 생선가게를 맡긴 상황이었으니, 고양이를 탓할 수만은 없을 것이다. 고양이를 믿고 맡긴 생선가게 주인이 팔을 걷어붙이고 직접 장사를 하든, 생선에 알레르기 있는 고양이를 찾아야 할 것이다. 좀 더 극단적인 방법도 있다. 아예 가게 문을 닫아 버리는 것이다.

보행안전 도우미 무용론을 주장하고 싶진 않다. 도로 공사장 주변을 지나가는 시민이 알아서 피해 다녀야만 했던 과거로 돌아가자는 게 아니다. 다만, 정해진 원칙과 규정이 지켜지지 않고 있는 현실이 안타깝고, 지키지 않는 모습을 관망하고, 때론 외면하기도 하는 사람들에게 지쳐갈 뿐이다.

잘못 이행되고 있는 현상에 대하여 해당 기관에 공문을 보내고 교육을 하고 점검을 했지만, 피고육자에게 교육은 그저 잠시 일손을 놓고 부족한 잠을 청하는 기회였고, 점검의 효과는 잠시뿐인지라 개선의 가능성이 보이지 않았다. 그래서 꺼내 든 카드가 있다. 보행안전 도우미 양성 전문 교육기관을 개설하여 교육을 이수한 자만이 보도 공사장에 배치되도록 추진하는 일이었다. 기존에 있는 여러 안전 관련 교육기관을 수소문해 보았다. 하지만, 교육 수요에 대한 불확실성, 낮은 채산성 등으로 교육과정 개설이 쉽지 않았다. 비록 교육 전문기관은 아니지만 본 교육에 대한 배경, 필요성, 내용에 대한 이해도와 교육 의지가 높은 한국건설안전도우미협동조합(이하 협동조합)과 협의하여 교육 계획 수립을 추진하게 되었다. 이 협동조합은 2013년 서울형 뉴딜 일자리 사업에 참여한 보도블록 보수원[08]이 주체가 되어 설립되었다. 보도블록 보수원들은 그해 12월까지 근로계약이 마감되어 대부분 실직자가 될 처지였다. 생계를 위한 일자리가 절실했던 분들, 그저 소일거리를 찾던 분들, 자식 학원비라도 마련하려고 오신 분들 등 처한 상황이 다양했지만, 그중에서 제2 인생 설계를 꿈꾸는 몇몇 분들이 눈에 띄어 협동조합 설립을 제안하게 된 것이다.

　나를 비롯한 직원들이 공무원 신분으로 그분들을 돕기가 쉽지 않았다. 형평성에 어긋나지 않는 선에서 도울 수 있는 일이 많지 않았기 때문이었다. 때마침 협동조합 설립을 도울 수 있는 컨설팅 회사를 선별하여 지원해 주는 프로그램이 서울시청에 있다는 사실을 알게 되었다. 그 당시 '보도블록 10계명'을 모르는 시청직원이 없을 정도로 관심을 받던 사업이었으니, 컨설팅 지원은 쉽게 성사되었다. 공사장 주변 시민의 통행 안전에 기여하는 보행안전 도우미를 양성하고 교육시킨다는 명분은 누가 들어도 타당했던 것이다.

　협동조합 법인설립까지의 과정은 순탄하지 않았다. 보행안전 도우미 전문 직무교육과 그 과정을 이수한 인적자원의 일자리 창출을 주 사업목표로 제시한 사업계획서를 인정받지 못했기 때문이었다. 사업승인 심사 업무를 담당했던 담당관들에게 '보행안전 도우미'라는 용어 자체가 생소하게 여겨졌던 게 이유였을 것이다. 이런 상황은 1차 사업승인을 내리는 사업장 소재지 담당 구청뿐만 아니라 법인설립 조건을 심사하는 법원과 최종적으로 영업행위의 자격을 부여하는 국세청도 마찬가지였다. 당시 협동조합의 임원진들은 이구동성으로 "공공기관 정책을 위해 민간차원에서 공조 서비스를 수행한다는 취지에 대해 무슨 의문성이 그리도 많을까. 각 기관에 사업별 분류업종 해석에 대한 전문 지식의 부족과 공익성을 생각한 사업승인 심사에 대한 기준이 지나치게 심할 정도여서 안타깝다"고 입을 모았다. 시기적으로 서울시와 체결한 보행안전 도우미 직무교육 수행을 위한 시간이 매우 촉박했을 그들의 다급한 입장도 이해가 되고, 공익을 앞세운 사업체들의 부실이 심해지던 당시의 환경을 고려해 당연히 까다로운 심사를 할 수밖에 없었을 관할 관청의 입장도 이해가 되는 부분이다. 이러한 과정을 통해 협동조합은 2014년 4월에 사업자등록을 마치고 5월 7일 보행안전 도우미 전문 직무교육을 실시하게 되었다. 교육은 교육신청 수요자에 따라 탄력적으로 진행되었으며 가장 최근인 2016년 5월 19일 75명의 수료자가 배출되었으며, 현재까지 교육 수료 누적 인원은 1,000명 이상이 된다.

협동조합은 보행안전 도우미 직무교육 이수자 대상자 중 회원가입 희망자들을 가입시켜 일자리를 제공하는 방식으로 운영한다. 2014년 5월 제1기 교육이수자 중 20명의 회원이 확보되고 그해 6월부터 10여 명의 회원이 현장에 배치되는 것을 시작으로 2016년 5월까지의 등록회원은 350명 정

사진 09 보행안전 도우미 활동 현황   사진 10 보행안전 도우미 직무교육

도가 된다고 한다. 앞에서 직무교육 이수자가 1,000명 이상이 된다고 했는데 협동조합에 가입한 회원 350명 외에 나머지 650명은 어디서 뭘 하는 것인가. 협동조합 측에서 분석한 자료를 인용하면, 대다수 인원이 도로 포장 공사 면허를 소지한 시공사의 직영 내지는 하청업체에 소속된 근로자라는 것이다.

    지금도 일선 현장에서 보행안전 도우미가 본연의 임무를 수행하지 않고 잡무 등 불필요한 행위들을 하는 경우가 있고, 이는 시공회사 소속으로 직무교육을 이수한 650여 명이라는 숫자와 무관하지 않다. 시행 초기 하루 평균 십여 개 현장에 배치하기 시작한 보행안전 도우미들은 2015년 5월에는 40~50개소의 현장에 배치되었다. 지금은 초기와 달리 보행안전 도우미에 대한 인지도가 높아지고 근무자 처우 및 운용 방식이 개선된 점이 많으나, 아직도 현장감독이나 작업반장들로부터 자재를 운반하거나 시멘트를 배합하는 등 보행안전 도우미로서 해서는 안 될 행위를 요구받는 경우가 있다. 과거의 관행에서 탈피하지 못하고 보행안전 도우미 역할과 필요성에 대한 인식이 부족한 까닭이다. 발주처에서 이러한 행위를 근절시킬 목적으로 단속하고 있지만, 부당 행위 근절에는 한계를 보이고 있다. 강력한 단속에 의한 수동적 변화보다 관계자들의 자발적 참여가 더 아름답지 않겠는가. 공사장에서 '삽질하는 보행안전 도우미'의 모습을 더는 보고 싶지 않다.

NOTE
07 한국 건설안전 도우미 협동조합 양동멸 이사장의 도움으로 작성
08 훼손된 보도블록을 신속 정비하거나 보도 포장상태를 조사하는 역할

절단 그리고
조화

보도블록은 공장에서 만들어진 제품을 현장에 반입하여 시공만 하면 되는 완제품이다. 토목용어로는 프리캐스트 콘크리트[09] 제품으로 분류된다. 반면 아스팔트 콘크리트는 플랜트에서 아스팔트 혼합물이라는 이름으로 제조된 후 현장으로 반입된다. 끈적끈적한 반제품 상태로 현장에 들어온 아스팔트 혼합물은 포설, 다짐, 양생과정 등을 거쳐 딱딱한 완제품으로 재탄생하게 되는 것이다. 따라서 온도관리, 다짐관리, 양생관리, 시간관리 등 현장에서 신경써야 할 공정이 많으며 품질관리가 쉽지 않다. 용이한 점도 있다. 맨홀이나 각종 지주 등 구조물 주변부를 마감하는데 별도의 절단 작업이나 기술을 필요로 하지 않는다.

블록은 어떤가? 둥근 원형 맨홀을 상상해 보자. 일정 기준선에서 깔기 작업이 시작된 보도블록은 맨홀을 만나게 된다. 절단 작업이 필요한 순간이다. 이때 보도블록 기능공은 선택의 기로에 놓이게 된다. '눈대중으로 자르고 대충 끼워 넣을지' 아니면 '자로 정확히 재단하고 정교하게 자른 후 딱 맞게 끼워 넣을지'.

2007년 이전의 맨홀 주변 마무리 처리는 전자의 경우에 속한다. 대충

사진 11 대충 시공된 맨홀 주변 보도블록   사진 12 정교하게 시공된 맨홀 주변 보도블록

자르고 끼워 넣는다고 해서 재시공을 시키지도 않으며, 아무 일 없었다는 듯 준공처리를 해주기 때문이며, 거리의 시민들도 너무나 당연한 것으로 여기고 지나친 탓이다. 2008년 서울거리 르네상스 프로젝트를 시행하면서 맨홀 주변 시공에 획기적인 바람이 불기 시작했다. 시공의 정교함을 위해 절단하는 방법을 개선하였으며, 보도블록과 조화를 이루는 조화 맨홀(혹자는 디자인 맨홀이라고도 함)이 확산되어 적용되기 시작한 것이다.

먼저, 블록을 절단하는 방법을 짚어보자. 절단 방법은 크게 두 가지로 요약된다. 유압식 절단기로 자르는 방법과 동력으로 작동되는 톱날을 이용하는 방법이다. 유압식 절단기는 사람의 힘을 유압이 대신하여 절단하는 장비이다. 끼워 넣는 작업은 절단선이 곧고 절단면은 반듯해야 편하다. 그래야 보기도 좋고, 블록 포장의 수명도 오래간다. 당시에는 유압식 절단기가 이러한 작업에는 적합하지 않다고 알려져 있었다. 반면, 전동 절단기는 전기를 동력으로 사용하며, 빠르게 돌아가는 톱날을 이용하기 때문에 절단

사진 13
조화 맨홀_
주변 보도블록과 동일한 재료와 패턴으로 맨홀 상부를 시공한다고 붙혀진 이름이다.

선과 절단면이 반듯하고 매끄럽다. 2008년 서울거리 르네상스 사업의 시작과 함께 전동 절단기의 사용이 의무화된 건 이 때문이다.

정책 시행결과 반응은 매우 뜨거웠다. 사진 11는 유압 절단기, 사진 12는 전동 절단기를 사용했을 경우의 시공품질 차이를 보여주는 사례이다. 이것만 보면 전동 절단기가 대단한 장비라 칭찬할 만도, 필요한 정책을 잘 도입했다고 치켜세울 만도 하다. 전동 절단장비 사용 권장 정책은 두 가지 파생상품을 만들어 내기도 했다. 그중 하나가 조화맨홀이다. 이 조화맨홀은 보도블록이 고급화 되면서 기존 주철 맨홀이 거추장스러워 보이기 시작한 것이 계기가 되었다. 조화맨홀은 주변 보도블록과 동일한 재료와 패턴으로 맨홀 상부를 조화롭게 시공한다고 하여 이름 붙여진 방법이다. 자연석(돌 포장) 분야에서는 이미 사용하고 있던 방법이었지만, 일반 보도에 최초 시

사진 14
조화 맨홀 시공 과정_
조화 맨홀 내부에
끼울 블록을 원형
회전 절단기로
작업하고 있다.

공하여 범용화 것은 2010년도 즈음이었다. 지금은 10여 개 가까운 맨홀 업체가 조화 맨홀을 생산·시공할 정도로 수요가 많이 늘어났다.

다른 하나는 곡선부 전동 절단기이다. 빛이 직진성을 가지고 있듯이 전동 절단기 역시 절단 도중 방향을 바꾸거나 곡선으로 절단할 수 없는 단점을 가지고 있다. 하지만 이 고정관념을 깨는 시도를 몇 해 전부터 서울시설공단에서 시작했으며 현재 상용화를 위한 노력을 하고 있다.

조화 맨홀과 곡선 절단기는 보도블록을 정교하게 시공하기 위한 노력의 부산물이다. 하지만 촘밀 시공에 대한 강요와 압박은 또 다른 문제를 양산한 양날의 검이다. 정교하게 잘 잘린 블록만이 최고라는 인식이 퍼진 탓에 전동 절단기는 어느 현장에서나 꼭 필요한 장비가 되어 버렸다. 하지만 환경적인 측면을 간과하였다. 단단한 블록을 절단하는데 사용되는 전동 절

보도블록, 누구의 잘못인가? **069**

사진 15
우수관으로 흘러 들어가는 콘크리트 슬러지_
비산먼지를 줄이기 위해 뿌린 물은 여과장치없이 하수구로 흘러가 수질오염을 초래한다.

단기는 절단 순간 많은 양의 비산먼지가 발생하며, 이로 인해 대기가 오염되고 인근 주민들의 호흡기에 나쁜 영향을 끼쳤다. 비산먼지를 줄이기 위해 절단기 톱날에 물을 뿌리는 작업을 하는 경우도 많은데, 이 또한 언 발에 오줌 누는 격이다. 비산먼지가 물에 용해된 후 별도의 여과장치 없이 그대로 하수구로 흘러 들어가기 때문에 수질오염을 초래한다. 더 심각한 것은 눈앞에서 벌어지고 있는 이 광경이 어느덧 관행이 되어가고 있다는 것이다. 보도블록 한번 제대로 깔아보자는 의욕이 지나친 나머지 잘못된 관행을 만든 꼴이 되었다. 그대로 하천으로 배출된 슬러지[10]는 하수처리장에서 고도의 정수과정을 거쳐야 한다. 그야말로 빈대 잡으려다 초가삼간 태우는 꼴이다. 깨끗한 물 관리를 위해 오수관과 우수관(빗물관)을 분류하려는 노력도 중요하지만, 예상 가능한 오염원을 줄이거나 제거하기 위한 최소한의 규제는 필요한 것이다.

과연 이를 제한하는 규제가 없어서 비산먼지가 방치되거나 슬러지가 그대로 하수구로 유입되는 것일까? 도로공사 표준시방서[11]에 따르면 '비산먼지 방지 시설 공'과 '공사장 폐수 처리 시설 공'이라는 항목이 있다. 포괄적 범위 또는 상식 수준에서 본다면 블록 절단 시 발생되는 비산먼지와 슬러지를 관련 법령(대기환경보전법, 수질 및 수생태계 보전에 관한 법률 등)에 따라 처리를 해야 하지만, 시방서 적용 범위에 보도블록 공사가 빠져 있다는 이유로 인해 환경파괴 만행은 아직도 전국 곳곳에서 벌어지고 있다.

꼼꼼 시공, 정밀 시공으로 정평이 난 일본 사례를 잠깐 살펴보자. **사진 16**는 제수변 맨홀 주변을 마무리하기 위한 기능공의 손놀림을 보여준다. 절단선을 정확히 재단하여 옆에 있는 절단작업 기능공에게 넘겨주면 블록에 그려진 선에 맞게 유압 절단기로 절단한다. 곡선구간은 절단 후 전용 망치로 다듬어 끼워 넣는다. 현장 어디를 둘러봐도 전동 절단기가 없다.

그들이 유압 절단기를 이용하여 작업하는 이유는 간단하다. 미세먼지 발생이 없을 뿐만 아니라, 전동 절단 작업과 비교해도 시공품질 차이가 거의 없으면서, 작업 속도는 빠르고, 비용도 절감되기 때문이다. 또한, 전동 절단 시 발생하는 소음도 없다. 간혹 그라인더를 사용하는 사례는 있다. 두꺼운 블록을 자르는 경우인데, 표면으로부터 약 10㎜ 정도를 그라인더로 홈을 판 후, 유압 절단기로 마무리 절단을 한다. 그라인더 사용 시 발생되는 먼지는 분진 흡입기로 빨려 들어가 먼지 발생을 원천적으로 차단하게 된다.

모든 면에서 유압 절단기 사용이 타당한데 어쩌다 서울시에서는 전동

사진 16 보도블록의 재단과 절단(일본 기능공)_ 절단선을 정확히 재단하여 절단작업 기능공에게 넘겨주면 블록에 그려진 선에 맞게 유압 절단기로 절단한다.

사진 17 일본 공사현장에서 사용되는 분진 흡입기   사진 18 국내 교육용으로만 사용되는 분진 흡입기

절단기 사용이 의무화된 것일까? 원인은 크게 네 가지이다.

　첫째, 깔끔한 마무리에 대한 집착을 원인으로 들 수 있다. 시공 후 현장 점검 시 맨홀 주변 시공 정밀도에 많은 점수를 주기 때문이다. 눈에 잘 보이는 것만 인정하려는 편의주의적 사고다. 둘째, 직업정신 부족에서 비롯된 것이다. 유압 절단기로도 꼼꼼하게 시공이 가능하지만, 기능공들이 이러한 노력을 소홀히 하여 관료들에게 이분법적인 판단(유압 절단기=조잡시공, 전동 절단기=정밀 시공)을 하도록 도운 것이다. 셋째, 잘못된 만남이다. 원래 전동 절단기는 석공 작업에서 사용되어 오던 장비다. 건설용으로 사용되는 돌(자연석)은 밀도와 강도가 높아 콘크리트 블록과 깨지는 형태가 다르다. 돌을 유압 절단기로 절단하게 되면 자르기도 어렵거니와 예측했던 모양과 달리 제멋대로 잘려지게 되는 경우가 많다. 이러한 이유로 도입된 전동 절단기가 콘크리트 블록 절단에도 적용되어 장비 남용으로 이어진 것이

사진 19 유압 절단기 사용한 맨홀 주변   **사진 20** 전동 절단기 사용한 맨홀 주변

다. 넷째, 충분히 양생되지 않은 보도블록이 현장에 반입되어 유압 절단 시 콘크리트가 뭉그러지는 현상이 발생하기 때문이다. 공장에 미리 만들어 놓은 물건은 없는데 현장에서는 빨리 달라고 재촉하니 양생[12]이 덜 된 제품이 들어갈 수밖에 없다는 얘기다. 네 가지 원인에 대한 대책을 찾아 하루빨리 원칙에 제자리를 찾아주어야 한다. 미세먼지와 슬러지는 재고의 여지가 없는, 반드시 풀어야할 과제이기 때문이다.

NOTE
09 완전히 정비된 공장에서 제조된 콘크리트 또는 콘크리트 제품. 공기의 단축, 공사비의 절감, 품질관리의 용이, 내구성 증대 등의 장점이 있다.
10 생산공정에서 발생하는 불필요한 액상의 것을 포함한 오니물 또는 건설공사에서 배출되는 폐 오수 등을 말한다.
11 도로공사를 할 때 필요한 시공기준을 명시한 문서
12 콘크리트 타설 후 그 경화 작용을 충분히 발휘하도록 콘크리트를 보호하는 작업

점토바닥벽돌
이야기

점토바닥벽돌이란 용어가 생소하게 들릴 것이다. 벽돌은 말 그대로 벽을 만들기 위한 돌을 의미하는 것이다. 점토를 주원료로 만들었기 때문에 점토벽돌이라 부르게 된 것이다. 오랫동안 건축용으로 사용되던 점토벽돌이 용처를 확장하여 바닥재료로 쓰이기 시작했다. 기존 이름(점토벽돌)에 '바닥'이라는 문구를 넣어 '점토바닥벽돌'이라는 새로운 호칭이 탄생했다.

덕수궁 돌담길은 고궁의 운치와 자연의 풍요로움, 그리고 감성적인 조명이 어우러진 서울의 명소다. 그 은은한 조명이 설치된 바닥 재료가 바로 점토바닥벽돌이다.

점토벽돌은 대표적인 요업(窯業)[13] 제품 중의 하나로, 점토(또는 고령토 등)를 주원료로 하여 1,200℃ 이상 고온의 소성[14]로에서 구워 만든 재료를 말한다. 과거 1980년대 까지만 하더라도 점토벽돌은 건물을 짓는 데 주로 이용되었으나, 친환경·친인간적인 재료의 특성이 강조되면서 1990년대 후반부터 도로의 일부분인 보도블록용으로 사용되기 시작했다.

점토바닥벽돌은 초기에 고급 아파트 단지 내 보도, 덕수궁 돌담길, 인사동길처럼 특정 지역이나 특화된 가로에 주로 사용되었다. 2000년대 후

사진 21 덕수궁 돌담길_ 조명등이 설치된 보도부분은 점토바닥벽돌이 사용되었다.

사진 22 점토벽돌(Clay Brick)

사진 23 점트바닥벽돌(Clay Paver)

반부터는 일반 도로의 보도 공사에 사용되면서 기존 시장의 절대 강자였던 콘크리트 블록의 경쟁 제품이 되었다. 그 후, 해마다 두 자릿수 이상의 성장률을 보일만큼 수요처가 증가했다. 수요가 증가함에 따라 도심지 곳곳에서 점토바닥벽돌로 시공된 거리를 쉽게 만날 수 있었는데, 이 무렵부터 '모서리 깨짐'이라는 점토벽돌 특유의 파손 문제가 거리 곳곳에서 모습을 드러내기 시작하였다. 모서리 깨짐은 점토바닥벽돌의 상부에서 맞닿은 부분이 부채꼴 모양의 조각으로 떨어져 나가는 현상을 말한다. 블록이 맞닿아 있는 상태에서 수평 하중으로 블록끼리 부딪힘이 발생할 경우, 콘크리트 블록은 골재 또는 페이스트의 일부가 부스러지거나 마모되는 반면, 점토바닥벽돌은 유리와 같이 취성파괴[15]를 일으켜 벽돌 모서리 부근에서 균열 또는 깨짐 현상이 발생하게 되는 것이다.

점토바닥벽돌은 흙을 주원료로 제토·성형한 후 1,200℃ 이상의 고온에서 소성하여 만든 제품으로 콘크리트 못지않게 높은 강도 특성을 가졌다.

사진 24 점토바닥벽돌의 모서리 깨짐

그림 04 팽창에 의한 파손 원리

하지만 충격이 크거나 공사 중 차량 등에 의한 수평 하중 혹은 온도나 습도 등에 의해 부피 변화가 발생할 때 팽창이 발생되는데, 이때 벽돌끼리 맞닿는 부위에서 모서리가 깨지는 것이다. 도자기 귀가 쉽게 깨지는 것과 비슷한 현상이다. 그렇다면 어떤 조치로 이러한 깨짐 현상을 막을 수 있을까? 그 해법을 제시하기 전에 깨짐의 직접적인 원인을 따져보기로 하자.

결론부터 얘기하자면 시공 시 점토바닥벽돌을 일정 간격 없이 시공했기 때문이다. 점토바닥벽돌은 환경에 따라 '습윤팽창', '열팽창' 특성을 보인다. 따라서 점토바닥벽돌을 설치할 때 일정 간격을 유지하지 않고 다닥

사진 25
콘크리트 블록의 돌기_
빨갛게 동그라미 친 부분을 돌기라 부르는데, 이 돌기가 블록 옆 표면에 돌출되어 포설시 바로 옆에 깔리는 블록과 일정 간격을 유지시켜 주는 기능을 한다.

다닥 붙여서 시공할 경우, 환경변화(물, 온도)에 따라 부피 팽창을 하게 되어 이웃하고 있는 블록끼리 서로 미는 힘이 작용하게 된다. 이러한 힘에 의해 취약한 부위인 모서리 또는 귀가 깨지게 되는 것이며, 물리적 외력을 받지 않고서도 파손이 일어나는 원인이 된다. 이러한 상황에서 수평 하중을 받게 된다면 파손 증상은 더 심해지고 빨라진다.

앞서 얘기했던 직접적인 원인(붙여서 시공)을 해결하기 위해 현장해서 할 수 있는 일은 시공 인부가 블록 간격을 인위적으로 벌려서 시공하는 방법이 유일하다. 이쑤시개를 꼽든 다른 재료를 사용하든 블록 간격을 2~3㎜만 벌려주면 되는 것이다. 그 작업이 쉽고 간편하다면 가능하겠지만, 현장에서 그 일을 할 작업 인부는 단 한 사람도 없다. 이유는 콘크리트 블록과 점토바닥벽돌을 설치하는 작업인부가 같기 때문이다. 그게 무슨 이유가 되냐고?

사진 25는 점토가 아닌 콘크리트로 만들어진 보도블록의 옆면을 보여주

고 있다. 빨갛게 동그라미 친 부분을 돌기[16]라 부르는데, 이 돌기가 블록 옆 표면에 돌출되어있어 포설시 바로 옆에 깔리는 블록과 일정 간격을 유지시켜 주는 기능을 한다. 붙여서 깔더라도 2~3㎜의 간격이 자연스럽게 벌려진다. 이 간격 내부에는 줄눈 모래가 채워짐으로써 견고한 포장체 역할을 하게 되는 것이다. 이 대목에서 또 하나의 의문점이 생긴다.

'점토바닥벽돌에는 돌기가 없나?' 당연한 궁금증이다. 이상하게도 대부분의 점토바닥벽돌에는 돌기가 없다. 매끄럽다고 자랑이라도 하듯이 평평하고 밋밋한 옆모습을 하고 있을 뿐이다.

콘크리트 블록은 몰드의 교체만으로 여러 가지 다양한 블록(I형, U형, S형 등)을 만들 수 있을 뿐만 아니라 옆면의 돌기 모양도 원하는 형태와 간

사진 26
돌기 있는 제품의 시공_
블록 옆면에 돌기가 있어
줄눈 간격을 고려하지 않고
시공하여도 돌출된 돌기로
인하여 일정 간격이 유지되게
된다.

사진 27
돌기 없는 제품의 시공_
블록끼리 맞닿아 시공되어
모서리가 깨지는 파손이
발생할 가능성이 매우 커진다.

격으로 손쉽게 만들 수 있다. 시공 시 자연스럽게 일정한 간격이 유지되는 것은 이러한 이유 때문이다. 반면, 점토바닥벽돌의 경우에는 돌기 제품의 생산 설비를 갖춘 업체가 드물어서 일정 간격을 띄워 시공하기가 매우 어려운 실정이다. 일례로, 2016년 현재 조달청(나라장터)에 등록된 점토바닥벽돌 생산업체 17개 중 돌기 제품을 생산할 수 있는 설비를 갖춘 업체는 단 한 곳뿐이다. 그만큼 들기 있는 점토바닥벽돌 생산이 어렵다는 얘기이다.

돌기가 있는 점토바닥벽돌 생산이 어려운 첫 번째 이유는 벽돌의 역사와 맥을 같이 한다. 현재 점토바닥벽돌을 생산하고 있는 대부분의 제조사는 과거 조적벽돌을 만들던 업체이다. 그리고 대부분 업치는 점토벽돌을 만들던 설비를 그대로 사용하여 점토바닥벽돌을 만들었다. 얼핏 보기에 조적벽돌과 점토바닥벽돌의 제조방법은 거의 비슷해 보인다. 원 재료(점토 등)를 제토(분쇄, 혼합 등)하는 단계부터 건조 공정을 거쳐 소성(불에 굽기)하는 공정까지 과정은 같다. 다만, 성형 공정에서 사용되는 설비에서 차이가 발생한다. 성형이란 혼합된 점토 원료를 원하는 크기와 형태로 제품을 만드는 공정을 말한다. 이 공정에서 돌기가 있는 제품과 없는 제품의 운명이 결정된다.

사진 28 가래떡 뽑는 모습 _
가래떡이 둥근 형태로 먹기 좋게 나오는 이유는 배출 구멍이 동그랗게 생겼기 때문이다.
이 구멍이 네모라면 가래떡 단면도 원형이 아닌 사각형으로 나올 것이다. 점토벽돌의 성형 공정도 이와 비슷하다.

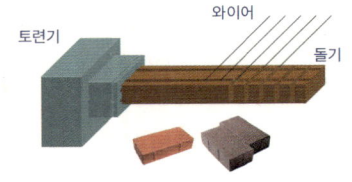 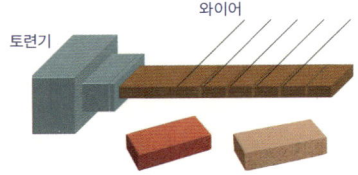

그림 05 돌기 있는 제품의 생산(성형)　　**그림 06** 돌기 없는 제품의 생산(성형)

　　방앗간에서 가래떡을 만드는 기계의 윗부분에서 떡 반죽을 아래로 밀어내면 동그랗고 가느다란 가래떡이 주욱 빠져나온다. 떡 반죽을 점토반죽으로, 가래떡을 점토바닥벽돌로 생각하면 된다. **그림 05, 06**은 점토 블록의 성형 공정을 보여주고 있다. 토련기[17]라고 적혀있는 곳 왼쪽에 점토 반죽이 있다고 상상해 보자. 토련기는 점토의 제토(반죽) 공정을 마친 재료를 점토바닥벽돌 형태로 만들어 내기 위하여 진공으로 압출 성형하는 설비이다. 반죽을 오른쪽으로 힘껏 밀면 토련기 반대편 주둥이를 통해 원하는 형태의 벽돌(블록)이 가래떡 나오듯이 밀려 나오게 된다. 돌기가 달린 벽돌을 만들 수 있는 토련기(**그림 05**)는 단면적이 넓은 면(벽돌의 윗면)을 밀어낸 후 절단하기 때문에 옆면에 돌기를 만들 수 있다. 반면, **그림 06**은 단면적이 좁은 면(벽돌의 옆면)으로 밀어낸 후 와이어로 절단하기 때문에 돌기를 만들 수 없다. 돌기 있는 제품을 만들기 위해서는 돌기 없는 제품에 비해서 2배 정도 넓은 단면으로 흙을 밀어내야 하기 때문에 매우 큰 압력을 가진 토련기가 필요하다.

　　돌기 있는 제품을 만들 수 없는 두 번째 이유는 건조 공정에 있다. 건조

사진 29 토련기는 점토의 제토(탄죽) 공정을 마친 재료를 점토바닥벽돌 형태로 만들어 나기 위하여 진공으로 압출 성형하는 설비이다. 반죽을 오른쪽으로 힘껏 밀면 토련기 반대편 주둥이를 통해 원하는 형태의 벽돌(블록)이 밀려 나오게 된다.

공정은 고온으로 굽는 소성공정 전에 진행되는 단계로 제품에 있는 수분을 2% 내외로 건조하는 공정이다. 점토 제품의 경우, 수분이 많이 남아있는 상태로 소성하게 되면 균열이나 파손이 발생한다. 건조실에 점토 제품을 넣기 위해 블록을 커다란 건조 대차에 층층이 가득 쌓아 넣는데, 이 건조대차의 사이즈 때문에 돌기 있는 제품을 만들기 어렵다. 토련기에서 나온 모양의 높이가 문제의 원인이다. 기존 점토 벽돌의 높이(90㎜)에 적합하게 만들어진 건조 대차에 돌기 있는 점토바닥벽돌 제품의 높이(114㎜)가 맞지 않아 들어가지 않는 것이다. 여기서 또 한 가지의 의문이 들 수 있다. '왜 대다수 업체가 진작 토련기와 건조 대차를 교체하지 않고 돌기 없는 제품을 계속 생산하고 있는 걸까?'

대부분 업체는 싼 가격의 제품을 많이 파는 방향으로 이익구조를 잡고 있어서 품질이 우수하고 하자가 적은 제품을 만들기 위한 투자를 피한다. 기존의 설비를 가지고도 관급으로 발주 나오는 크기의 제품을 만들 수 있기 때문이다. 많은 업체들이 점토바닥벽돌을 생산하고 시공했지만, 정작 발주처, 시공사, 심지어 제조사조차도 점토바닥벽돌의 품질에 관해서는 관심이 적었다. 결국 이런 무관심으로 인해 바닥재 전용의 점토바닥벽돌을 생산할 수 있는 공장은 우리나라에 아직 한 곳 뿐이다.

돌기가 없는 제품을 생긴 대로 시공하게 되면 파손 가능성이 매우 크다. 이를 차가 다니는 곳에 설치한다면 100%에 가까운 파손율을 보이게 된다. '돌기 있는 제품 사용 의무화'가 가장 현명한 조치라 생각했다. 하지만, 국내에서 단 한 곳에서만 제조할 수 있기에 특정 업체 몰아주기의 오해를 받기 쉽다. 공적으로 추진하기에는 부담이 너무 크다. 고민 끝에 내린 결론은 강도를 높이는 방향이었다. 현재 우리나라 점토바닥벽돌의 휨강도 기준은 5MPa 이상인데, 독일의 경우는 10MPa이다. 압축강도는 우리나라 30MPa 이상, 미국 55.2MPa 이상, 독일 80MPa 이상이다. 우리나라의 대부분 강도 기준값이 선진국 절반 또는 그 이하에서 맴돌고 있다. 필자는 이 점을 착안하여 2008년도에 미국과 동등한 수준의 강도 기준을 마련하여 서울시 기준으로 반영하였다. 발표 직후, 이해관계가 있는 조합에서 서울시에 항의 방문을 하였다. 국내 점토는 미국의 재료와 달라서 강도가 올라가지 않는다는 이유를 내세우며 기준 철회를 요구한 것이다. 항의방문 했던 조합 회원사 중에서 돌기가 달린 점토바닥벽돌을 생산하는 회사는 없었다. 그때부터 몇 달씩 조합과 서울시의 진실게임이 시작되었다. 여러 시험결과 국내 점토원료가 미국 수준의 강도에 도달할 수 없다는 조합 측 의견이 사실이 아닌 것으로 결론짓고, 서울시 강도 기준은 그대로 시행되었다. 우연인지는 모르겠으나, 그 이후 점토바닥벽돌의 사용량이 급격히 떨어졌으며, 지금은 애써 찾아보려 해도 보이지 않는다. 필자가 점토바닥벽돌의 깨짐 현상을 조금이나마 개선하고자 노력하고 있을 때, 점토바닥벽돌의 깨짐 현상에 대한 소문이 확산되었으며, 소리 없는 불매운동이 진행되고 있었다. 최소한 서울에서는 그랬다.

그로부터 6년이 지난 2014년, 필자는 서울특별시 전문시방서(토목편) 개정작업의 집필진으로 참여하게 되었다. 전문시방서는 발주청이나 설계 등을 맡은 용역업자가 공사시방서를 작성하는 경우에 활용하는 시방서로 건설공사의 교과서와 같은 중요한 역할을 한다. 돌기 있는 점토바닥벽돌의 사용 의무화를 제도화할 수 있는 기회가 찾아온 것이다. 집필진으로 참여하면서 점토바닥벽돌의 돌기 의무조항 신설 내용을 다음과 같이 건의하였다.

"점토바닥벽돌 측변에는 2~3㎜ 이내의 돌기가 있어야 한다."

하지만 심의 과정에서 특정 업체만 생산할 수 있어 특혜가 될 우려가 있다는 이유로 삭제 검토 의견이 제시되었다. 수차례의 설득 끝에 삭제가 아닌 수정으로 이견 조율을 끝내고 아래와 같이 다소 장황한 문구로 세상에 나오게 되었다.

"점토바닥벽돌은 이 시방서에서 정하는 2~3㎜의 시공 간격의 유지가 용이하고, 사용 중 모서리 탈락이나 파손이 쉽게 발생하지 않아야 한다."

시방서 작성 시 모호한 용어의 사용은 배제되어야 함이 원칙이다. 불필요한 내용없이 간단명료해야 한다. 위 문구 중 "용이하다", "쉽게"라는 말은 시방서 용어로 적절치 않다. 형체가 없으며 주관적이기 때문에 문제 발생 시 분쟁의 소지가 클 수밖에 없다. 물론, 심의위원을 계속 설득하여 원안을 고수하지 못한 필자의 잘못도 인정한다. 하지만 삭제를 하라고 으름장을 놓는 심의위원을 상대로 수정안이 반영된 것만으로도 작지 않은 성과였다고 할 수 있다.

뜻하지 않았던 기회가 2017년 다시 찾아왔다. 한국건설기술연구원[18]에서 「보도설치 및 관리지침(국토교통부)」의 개정작업에 참여해 달라는 요청이 온 것이다. 아래와 같은 문구로 다시 한번 도전해 보았다.

"점토바닥벽돌끼리 부딪쳐 깨지지 않도록 측면에 2~3㎜의 돌기가 있어야 한다."

안타깝게도 위 문구의 최종 반영 여부 결과는 2018년 하반기에 나올 예정이다. 관계기관 및 업계의 의견조회 과정이 남아있기 때문이다. 관련

업계가 눈앞의 이익을 쫓을 것인지, 당장은 힘들더라도 멀리 보고 갈 것인지 결과가 궁금하다.

    지방도를 다니다 보면 '황토방' 간판을 쉽게 볼 수 있다. 반면 '시멘트방'이라는 간판은 본 적이 없을 것이다. 흙(황토)이 시멘트보다 건강에 좋다는 걸 대부분 인지하고 있으며, 그만큼 신뢰하고 있다는 의미이다. 같은 값이면 다홍치마라는 말처럼 점토바닥벽돌과 시멘트 콘크리트블록의 가격이 비슷하다면 점토바닥벽돌의 구매층이 늘어나는 게 당연하다. 하지만 '같은 값'이라는 말 속에는 가격요소뿐만 아니라 기본적인 성능과 수명도 비슷하다는 의미가 내포되어 있다. 안타깝게도 점토바닥벽돌을 만들고 있는 업체 관계자들은 장점만을 내세우며 영업에 매진하고 있다. 대다수 관공서 소비자들이 점토바닥벽돌의 문제점을 이미 알고 있는데도 말이다. 이제 관련 업계가 민낯을 드러내 놓고 해결책에 대한 논의를 시작해야 한다. 그래야만 점토바닥벽돌이 다홍치마 대열에 합류할 수 있을 것이다.

NOTE
13 점토(粘土)를 원료로 이것을 구워서 제품을 만드는 산업
14 원료의 분쇄, 혼합, 성형, 건조 공정을 거쳐 최후에 고온 가열하여 제품에 강도를 구현하는 공정
15 재료가 외력에 의해 거의 소성 변형을 동반하지 않고 파괴되는 것
16 관련 근거: KSF 4419(보차도용 콘크리트 인터로킹 블록, 2016) '블록의 측면에는 2~3㎜의 돌기가 있어야 한다.'
17 혼합기의 하나. 수평 또는 수직으로 밀폐된 통 안에 나사 모양으로 날개가 달린 1개 또는 2개의 축이 돌면서 가소성인 것을 균질하게 혼합하는 기계
18 건설 분야의 연구를 전문적으로 하는 정부출연 국책 연구기관

보도블록과 함께
춤을

'보도블록과 함께' 또는 '보도블록 위에서' 춤을 춘다는 낭만적인 이야기가 아니다. 미끄러운 보도블록 위에서 어이없이 넘어지는 모습이 마치 '보도블록 위에서 호랑나비 춤'을 추는 것 같아 붙인 제목이다. 콘크리트 블록이 보도블록의 주요 재료로 사용됐던 과거에는 미끄러워서 넘어지는 사고는 거의 없었다. 최근 들어 도시의 경관과 디자인을 중요시하는 정책이 탄생하면서 블록에도 다양하고 고급스러운 자재의 사용량이 늘어나게 되었다. 그 결과 거리의 품격과 가치가 올라가는 등 긍정적인 효과가 발생했지만, 보도가 미끄러워 위험하다는 민원과 낙상사고가 증가하였다. 아울러, 일부 시각장애인 점자블록(선형 블록)의 표면이 플라스틱, 고무 등으로 덧씌워져 있어 비나 눈이 오는 날 물에 젖거나 눈에 덮인 경우 미끄러지는 현상도 발생하였다. 심지어, 보도에서 넘어지는 사고를 당한 시민이 서울시를 상대로 배상을 요구하는 사례가 발생하기도 하였다. 현장 조사 결과 사고가 발생한 구간의 표면은 타일로 처리되어 있었다. 타일은 위생적인 점이 요구되는 주방·화장실·목욕탕·세면장 등의 바닥 또는 벽면에 설치되는 소재로 색상과 모양은 보기 좋지만 물기가 있으면 미끄러워 안전사고에 취약하다는 단

사진 30 미끄럼 사고 발생 현장_ 횡단보도 턱 낮춤 구간

점도 있다. 보도포장재에 미끄럼 저항 기준이 없는 현실에, 디자인만 고려하여 사고가 발생하게 될 것이다. 이 사고의 최종 피의자는 누구일까?

☐ 사고일시 : 2010년 5월 13일(화) 12:30
☐ 사고장소 : 이수역 4번 출구 앞
☐ 사고경위
   우천시 OOO씨가 보행 중 보도 경사가 급한 구간에서 낙상으로 허리뼈 골절의 부상을 당함

미끄러움은 무엇 때문에 발생할까? 여러 가지 요소가 복합적으로 작용하겠지만, 바닥 재료(보도블록 등) 마찰계수, 보도의 기울기, 환경인자(눈, 비), 신발 바닥 재질 등이 중요한 변수가 된다. 하지만 국내에서는 보도포장재의 미끄럼에 대한 검토는 거의 이루어지지 않고 있었다. 필자는 2010년 여름, 서울 시내에 시공된 보도 포장 자재(블록류, 경계석류 등) 중 미끄럼 관련 민원이 제기된 노선 등을 선정한 후 19개 종류, 196회 미끄럼 저항 시

사진 31
BPT 시험기_
바닥의 미끄러움 정도를 측정하는
시험 장비

험을 시행하고 결과를 분석해 보았다.

시험대상은 **표 01**과 같으며 BPT[19](British Pendulum Tester) 라는 시험 장비를 사용하였다. 추를 일정 높이에서 떨어트려 대상물의 표면을 스쳐 지나간 후 반대편에 올라오는 높이의 각도를 이용하여 미끄럼 수치를 재는 장비이다. 대상 재료의 표면 저항이 클수록 낮은 높이로 올라가고 미끄럼

표 01 시험대상

구 분	종 류
일반 블록류	콘크리트 인터로킹 블록(일반 콘크리트 블록), 타일블록, 인조화강블록, 점토바닥벽돌, 아크릴판(바닥조명 덮개)
시각장애인용 점자블록	일반콘크리트류, 고강도콘크리트류, 플라스틱류, 고무류, 도자류
경계석류	화강석, 인조화강석, 일반콘크리트

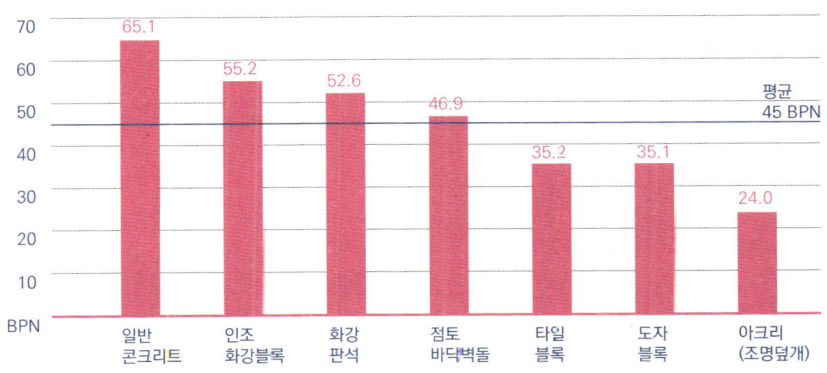

그림 07 블록류 BPN 시험결과

저항치는 높게 나오는 원리이다. 시험결과 분석 시 적용한 안전기준치는 보행 선진국에서 일반적으로 안전하다고 판단하는 40BPN을 적용하였다.

 블록 종류 7종을 선정하여 시험한 결과, **그림 07**과 같이 과거 대표적인 포장 자재였던 일반 콘크리트 블록이 미끄럼에 가장 안전한 것으로 나타났다. 여기서 일반콘크리트 블록이란 소위 갈하는 ILB(소형고압블록)를 말하며, 블록 표면에 아무런 가공처리 없이 생산된 블록을 의미한다.

 7개 종류의 블록 중, 전체평균(45BPN)에 미달되는 종류(카테고리)는 타일블록, 도자블록, 아크릴판(조명 덮개)으로 나타났다. 앞서 배상 요구 사례의 주인공이었던 타일블록은 미끄럼 사고 최소화를 의해 대부분 요철(凹凸)처리 타일블록이 설치되는데, 요철 처리된 블록 BFN 결과값(평균 35.3)과 요철 없이 매끈하게 처리된 타일블록의 결과 값(35.0) 차이가 거의

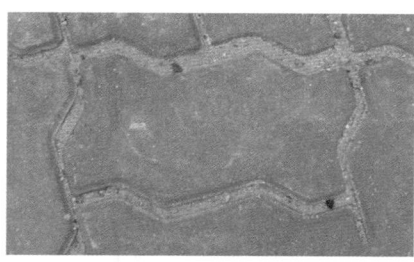

사진 32 일반콘크리트 블록(표면처리 X)

사진 33 타일블록(요철 X)

사진 34 타일블록(요철 O)

없어 요철처리 효과가 거의 없는 것으로 나타났다.

　타일블록이 미끄러워 위험하다는 민원이 반복된 현장에 미끄럼 방지 포장(이하 "미방포"라 함)이 시공된 사례가 있어, 미방포 전과 후의 미끄럼 저항성능을 비교해 보기 위해 BPT 시험을 시행해 보았다. 그 결과 미방포 전(37.75)에 비해 20BPN 이상 미끄럼 저항력이 향상(63.25)된 결과를 보였다. 하지만, 시간이 경과함에 따라 미방포와 타일블록과의 접착력이 약화되어 미방포가 떨어져 나가 타일블록이 노출되는 하자가 곳곳에서 발생하였다.

　타일블록의 문제는 이것으로 그치지 않았다. 일반적으로 콘크리트 보

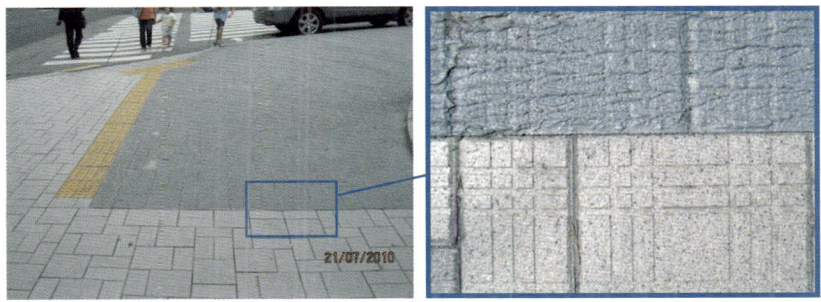

사진 35 타일블록 미끄럼 방지 포장 시공 사례

사진 36
미끄럼 방지 포장의 접착력
저하로 타일블록 노출

도블록은 보통 60㎜의 두께를 갖는데, 생산 시 블록 전체(60㎜)를 동일 재료와 질감으로 생산할 경우 제조원가가 상승한다. 이 때문에 60㎜ 두께 중에서 표면 6㎜ 정도(표면층)를 고급스럽게 가공하고 나머지 부분(기층부)은 상대적으로 저렴한 재료를 사용한다. 사용되는 골재와 색상을 나타내는 안료, 그리고 표면처리 방법이 다를 뿐 기본적으로 시멘트 콘크리트의 범주에서 벗어나지는 않는다. 타일블록도 표면층과 기층부로 구분되기는 마찬가지이다. 하지만 표면층을 구성하는 타일은 시멘트 콘크리트가 아닌 이

사진 37 타일블록 표층 탈리   사진 38 콘크리트 블록 표층 균열 및 탈리

질재료(불에 구운 제품)로 이미 만들어진 제품을 기층부와 접착시켜 완성된다. 문제는 접착력이 약해져 표층부가 쉽게 떨어져 나간다는 것이다. 타일블록 뿐만 아니라 일반적으로 많이 쓰는 콘크리트 블록의 경우에도 표면층과 기층부의 부착력이 약화되어 층이 분리되는 경우가 종종 발생한다. 하지만, 현재 우리나라에는 블록의 부착강도 시험방법과 기준이 존재하지 않아, 부착력 저하로 인한 탈리(脫離) 현상이 발생하여도 제품 하자로 제재할 방법이 없다. 사람의 생사가 달린 문제가 아니라고 생각하기에 이것 또한 모른 척 대충 넘기는 것이다.

NOTE
19 표면 조직의 마찰 특성을 측정하는 장비로, 시험결과 단위는 BPN이며 수치가 클수록 미끄럼에 안전함을 의미함.

점자블록
수난시대

점자블록에도 미끄러운 소재가 많다. 시각장애인에게 보행 방향을 안내하는 유도블록이 특히 더 미끄럽다. 사람이 진행하는 방향으로 4개의 줄이 돌출되어있기 때문이다. 비나 눈이 오는 날에는 이 줄이 마치 스케이트 날과 같은 역할을 하게 되어 비장애인까지 위협하고 있다. 일반 보도블록과 마찬가지로 점자블록의 소재도 고급스럽게 바뀌어 가고 있어 표면 질감이 매우 매끄럽다. 보도블록의 미끄럼 시험을 하면서 점자블록에 대한 실험도 함께 진행하였는데, 실험결과는 일반 보도블록과 비슷하였다. 6개 종류의 시각장애인 점자블록 중, 도자, 고무, 플라스틱 제품이 미끄러운 재질로 평가되었다. 문제는 그뿐이 아니었다. 미끄러움에 취약한 점자블록이 내구성에도 문제가 있음이 발견된 것이다. 타일블록과 마찬가지로, 점자 돌출부가 있는 표면만 이질재료(도자, 플라스틱)로 되어 있어 부착력이 떨어져 파손되고 있다. 이는 도시 미관을 해칠 뿐 아니라 점자블록 고유의 역할도 수행하지 못하게 된다.

    일반 콘크리트 점자블록은 미끄럼 저항에는 우수한 반면, 돌출부의 마모 저항성이 약해 시간이 지남에 따라 점자 돌출부가 마모되거나 떨어져

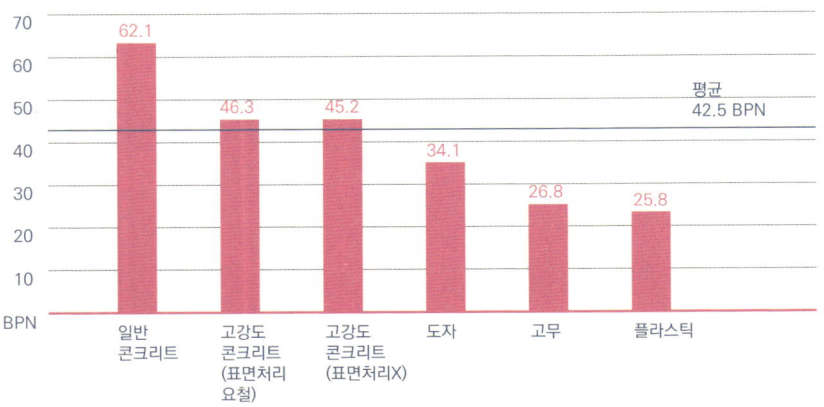

그림 08 시각장애인 점자블록 BPN 시험결과

사진 39
시각장애인 점자블록 BPT 시험

사진 40 도자 점자블록 파손

사진 41 플라스틱 점자블록 파손

사진 42 마모된 일반 콘크리트 점자블록   사진 43 방향이 맞지 않는 점자블록

나가 점자블록 고유의 역할을 하지 못하는 경우가 많이 발생한다. 이를 보완하기 위해 고강도 콘크리트 점자블록이라는 것이 개발되었는데, 일반 콘크리트 점자블록보다 미끄럼 저항성이 약 25% 정도 줄어든 것으로 나타났지만 수명은 오래가는 것으로 평가되고 있다.

사회적 약자인 장애인 편의시설에 대한 종합적인 검토가 필요하다. 길에서 쉽게 시각장애인을 목격하기 어려운 이유는 시각장애인의 숫자가 적기 때문이 아니다. 집 밖을 나와 마음 놓고 걸어 다니기가 두렵기 때문이다. 시각장애인 점자블록의 설치로 인해 유아차를 끌고 다니기가 불편하다는 민원이 종종 있었다. 점자블록이 울퉁불퉁하여 유아차에 자는 아이가 불편해할 수 있다는 논리이다. 틀린 말은 아니다. 하지만 점자블록이 울퉁불퉁하지 않으면 더 이상 점자블록이 아니다. 아이는 점자블록으로 불편해하는 것으로 끝나지만, 시각장애인은 점자블록이 없으면 보행이 불가능하다. 불편은 다양한 시민들의 공존을 위해 이해와 수용이 가능한 부분이지만, 반드시 있어야 할 것이 없어지면 누군가는 삶의 일부를 포기하게 된다.

Block 3

차도블록

광화문 세종대로 돌 포장
덕수궁 돌담길_공존도로의 상실
누구를 위한 도로인가?
차도블록
APT. 아파트?
청춘블록

광화문 세종대로
돌 포장

우리나라에서 경부고속도로가 의미하는 상징성, 역사성, 중요성을 모르는 이는 많지 않을 것이다. 만약 서울로 범위를 좁힌다면 어떤 도로가 가장 높은 위상을 차지할까? 필자만의 생각일지 몰라도 조선 시대에 육조거리였던 세종대로가 아닐까 싶다. 이곳은 이순신 장군과 세종대왕 동상이 있는 광화문 광장의 주변 도로로서 우리 사회의 중요한 역사적 사건과 변화의 흐름을 함께 한 장소이기도 하다. 한동안 세월호 희생자들의 천막과 정권을 교체한 천만 시민의 촛불시위 등 모든 시민의 관심이 광화문 광장에서 벌어지는 행위에 집중되고 있었다. 필자 역시 마찬가지였지만, 그와 더불어 필자의 시선은 쉼 없이 세종대로의 바닥을 살피고 있었다. 그때 보았던 세종대로 도로 포장의 숨은 진실을 기술자의 시각에서 설명하고자 한다.

그 전에 우선 돌(석재) 포장에 대해 이해할 필요가 있다. 돌 포장은 보도블록과 비슷한 포장재로 가장 큰 차이점은 주재료의 생산 방법이다. 보도블록은 흔히 골재를 시멘트, 물과 혼합하여 성형·가공하거나(콘크리트보도블록), 흙을 반죽한 후 불에 구워 만든다(점토바닥벽돌). 반면 바닥 포장용 석재는 석산에서 발파된 돌을 캐내어 가공공장으로 운반한 후 절단

사진 01
광화문 광장 조성 전
(아스팔트 포장)

사진 02
광화문 광장 조성 후
(돌 포장)

사진 03
광화문 돌 포장 파손
(건널목)

사진 04
광화문 돌 포장 파손
(버스 정류장)

 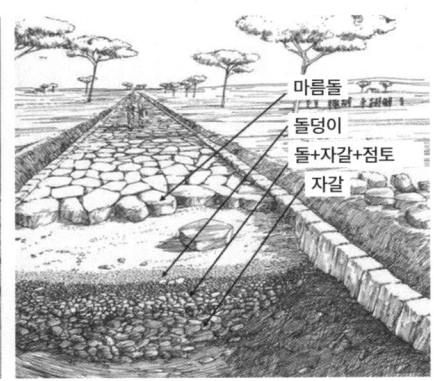

사진 05 이탈리아 아피아 가도
(http://en.wikipedia.org/wiki/Roman_roads)

그림 01 아피아 가도 돌 포장 구조

하여 만든다. 건설재료 역사상 최고의 발명품인 시멘트와 아스팔트가 없었더라면 오늘날 우리가 매일 이용하는 도로 대부분은 자연재료 기반의 돌 포장이 대부분이었을 것이다.

    돌 포장의 가장 유명한 사례인 로마의 아피아 가도(Via Appia)에 대해 살펴보기로 하자. 고대 로마제국은 군대와 물자의 이동을 위해 돌을 이용해서 도로를 만들었다. 그 구조를 살펴보면, 가장 밑바닥인 1~1.5m 깊이에 자갈층을 깔고 그 위에 흙(점토)과 자갈을 섞어서 깐다. 다시 그 위에 잘게 부순 돌과 모래를 완만한 아치형으로 채운 후, 최상층에 마름돌을 설치하여 마무리했다. 도로의 단면을 보면 표면이 중심에서 주변으로 약간 내려간 아치형이라 빗물이 도로에 고이지 않고 길옆으로 배수되도록 고민했음을 알 수 있다. 더욱 놀라운 것은 재료와 공법에 담긴 철학이다. 최하부에 자갈을 깐 것은 배수를 고려한 것이며 현대 도로의 기층에 해당하는 중간

층은 다짐이 잘되도록 혼합재료를 사용하고 그 위에 평탄성과 기밀성, 배수 용이성을 확보하면서 표층의 마름돌이 제자리를 잡을 수 있도록 아치형태의 받침층을 제공하는 등 도로에 담겨야 할 미덕들이 종합적으로 고려되었다. 약 2,300여 년 전에 건설된 아피아 가도는 당시의 뛰어난 토목기술력을 오늘에까지 입증하고 있다.

제2차 세계대전 이후, 유럽에서는 산업기반시설의 재건과 함께 옛 성곽 및 문화유적지를 보호하기 위한 돌 포장 빈도가 증가하기 시작했다. 일례로 유럽의 대표적 관광 국가인 프랑스에서도 돌 포장을 쉽게 만날 수 있다. 많은 이들이 방문하는 파리의 개선문 앞 샹젤리제 거리와 같은 중심가로는 물론 좁은 골목길에서도 쉽게 찾아볼 수 있다. 샹젤리제 거리는 폭 70m(왕복 10차로)의 대로인데, 2.3km 구간이 연속적인 돌 포장으로 이루어져 있다. 석재 자체의 물리적 특성 상 수명이 오래갈 것으로 판단하고 보·차도 겸용 도로와 문화유적지, 시청 주변, 대규모 광장 주변 등을 대대적으로 시공한 것이다. 그러나 석재 포장이 시공된 이후 불과 10~15년도 지나지 않아 경제성(유지보수)과 안전성(석재파손으로 인한 주행 불안) 문제가 사회적으로 대두되었으며, 근본적인 연구와 시험도로 운용 등을 추진하기 시작했다. 이러한 연구 결과가 반영되면서 프랑스에서는 1990년대 이후부터 돌, 콘크리트 블록을 이용한 도로 포장 설계 및 시공기준이 만들어졌다.[01] 돌 포장에 대한 오랜 경험과 기술, 문제점에 관한 대책 연구 등 수백 년 동안의 노력이 오늘날 유럽의 아름답고 견고한 돌 포장 문화로 자리매김하게 된 것이다.

광화문 돌 포장의 실패 원인

어느 날 갑자기 세종대로에 돌 포장이 설치되었다. 광화문 광장을 조성하면서 주변 세종대로 포장을 기존 아스팔트 포장에서 돌 포장으로 바꾸게 된 것이다. 여기에는 몇 가지 상징적인 이유가 있다. 기존 도로를 차량 중심에서 사람 중심으로 바꾸고자 하는 의지가 반영되었으며, 전통적인 육조거리를 재현하여 역사와 문화가 공존하는 국가적 상징 거리를 조성하려는 숨은 뜻이 있었다. 또한 광화문 광장 포장재료(돌)와의 통일성과 연속성을 고려하고, 전통성을 계승한 결과이기도 하다.

여러 가지 의미와 상징성에도 불구하고 세종대로 돌 포장은 2년도 지나지 않아 처참하게 파손되기 시작했다. 2011년부터 2015년까지 550m 도로구간을 보수하는데 들어간 비용만 24억 원이다. 유지보수는 2017년 현재도 진행되고 있다. 세종대로 포장에 어떤 문제가 있었던 걸까?

주된 원인은 설계 전문성 부족에 있다. 유럽에서는 돌 포장에 대한 설계 및 시공기준이 잘 갖춰져 있다. 또한 돌 포장의 계획, 설계, 시공, 골재 등 부자재에 대한 모든 사항이 명기된 전문기술서적이 마련되어 있지만, 우리나라에서는 토목 설계기준과 시방서 어디에도 차도에 설치할 수 있는 돌 포장에 대한 설계와 시공방법을 찾아볼 수 없다.

세종대로 돌 포장 사례를 타산지석으로 삼기 위해 좀 더 구체적인 실패 원인을 살펴보자. 먼저, 돌의 모양과 크기 문제다. 광화문 광장 주변 세종대로는 버스 등 중차량이 하루에 적게는 1,200대에서 많게는 3,400대가 다니는 도로다. 이 정도 통행량이라면 유럽에서는 절대 돌 포장을 적용할 수 없는 도로로 분류된다. 돌 포장을 적용할 수 있는 경우 중 가장 극한 조건

사진 06 유럽의 도로 포장용 돌   사진 07 국내 도로 포장용 돌

이 최대 중차량 통과량 400대 이하이며, 필요한 돌의 두께는 최소 150㎜ 이상으로 규정되어 있다. 사진 06은 필자가 유럽을 여행하던 중 골목길에서 굴착공사 중인 현장에서 찍은 사진이다. 사람만 다니는 좁은 골목길임에도 불구하고 돌의 두께가 150㎜ 정도였으며, 마치 사람의 송곳니처럼 아래가 뾰족한 형태를 띠고 있었다. 하부 재료에 더 견고하게 박혀 잘 빠져나오지 않는 형태로 진화한 것이다. 반면 우리나라의 차도에서 흔히 사용하는 포장용 돌은 사괴석으로 두께 100㎜의 단순한 정육면체 또는 직육면체 모양이다. 이 돌이 하루 최대 3,400대의 중차량이 지나다니는 세종대로에 설치된 것이다. 유럽의 골목길 수준에도 못 미치는 두께와 형태로 말이다.

두 번째 원인은 '빨리빨리 문화'에서 비롯되었다. 광화문 돌 포장은 강성공법[02]으로 설계되었다. 강성공법은 연성공법[03]과 달리 돌 포장 아래에 붙임몰탈 층을 반드시 포설해야 한다. 붙임몰탈은 말 그대로 하부의 기층과 상부의 돌 포장을 붙여 하나의 물체처럼 거동시키기 위하여 현장에서 모르타르를 만들어 사용하는 것이다. 모르타르는 시멘트와 모래를 물로 섞

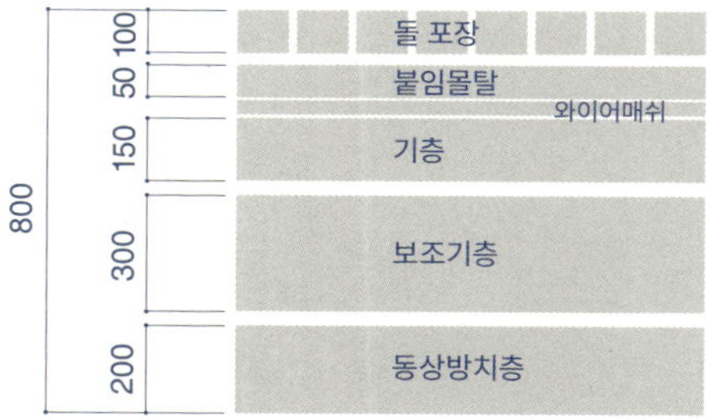

```
800
├ 100  돌 포장
├ 50   붙임몰탈
├ 150             와이어매쉬
│      기층
├ 300
│      보조기층
├ 200
│      동상방지층
```

그림 02 광화문 돌 포장 단면

어서 갠 것이다. 반면 물 없이 시멘트와 모래만 섞은 것을 사모래(현장용어, 표준용어 없음)라 하는데, 우리나라 돌 포장 시공현장에서는 거의 모르타르 대신 사모래를 사용하고 있다. 사모래를 깐 후 바가지나 물뿌리개로 정확히 개량되지 않은 물을 임의로 부어서 시공하는 것이다. 이처럼 모르타르를 만들어 시공한 것처럼 속여 시공하는 것이 일상화되어 있다. 사모래 위에 아무렇게나 대충 부은 물이 시멘트와 모래에 잘 섞여 단단하게 굳는 건 불가능에 가깝다. 이 속임수를 그 누구도 지적하지 않는다. 무지하거나 관심이 없는 것이다. 문제를 지적하더라도 대안이 없다는 이유로 쟁점화되지 않는다. 정말 대안이 없는 걸까? 모르타르 대신 사모래를 사용하는 이유는 뭘까? 앞의 물음에 대한 답은 '모르타르를 쓰면 된다.'이고, 그 다음 물음의 답은 '빨리 시공하기 위해서'다. 모르타르를 포설한 후 따라오는 공정은 돌을 올려놓는 일인데, 그 과정에서 유동성[04] 없이 굳기까지 일정한 시간을 기다려야 한다. 혹은 시간을 단축하기 위해 빨리 굳는 성질을 가진 시멘트[05]를 사용할 수도 있다. 기다리는 시간과 빨리 굳는 시멘트에는 한

사진 08 사모래 포설 후 물을 붓는 현장(잘못된 사례) **사진 09** 올바른 붙임 모르타르

가지 공통점이 있다. 바로 돈이다. 굳기를 기다리는 시간만큼 인건비가 추가로 들어가며, 빨리 굳는 시멘트는 보통 시멘트보다 매우 비싸기 때문이다. 사모래에 물을 부른 후 돌을 올려놓는 포장은 강성시공도 연성시공도 아니다. 외국 어느 나라에서도 표준화된 공법으로 정의하고 있지 않은 족보 없는 공법일 뿐이다. 보도 포장을 하찮게 여기는 우리나라의 사회적 인식이 낳은 비극이다.

세 번째 원인은 돌의 포설 패턴 문제다. 문제 지적에 앞서 패턴이 어떤 중요한 역할을 하는지 알아보자. 콘크리트 블록의 경우 블록 형태에 따라 패턴이 다양하게 구성될 수 있으며, 일반적으로 일자 패턴(Stretcher bond), 겹이음 패턴(Basket wave bond), 지그재그 패턴(Herringbone bond)으로 구성된다. 이 중 지그재그 패턴은 차량의 회전, 급정지와 가속에 대한 저항이 가장 뛰어나다는 연구 결과가 있다.[06] 콘크리트 블록이 아닌 돌 포장의 경우도 크게 다르지 않다. 다만 사괴석 등 윗면이 정사각형 모양인 경우 교통하중의 응력에 대한 저항성을 향상시키기 위해 아크(Arc) 패

일자 패턴(Stretcher bond)

겹이음 패턴(Basket wave bond)

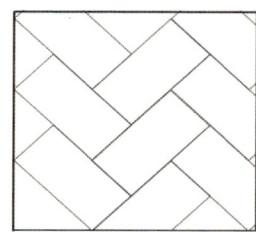
지그재그 패턴(Herringbone bond)

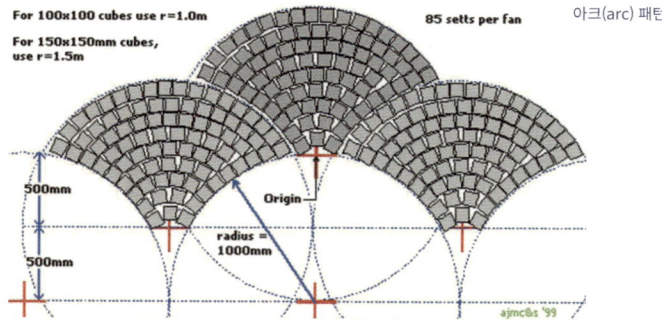
아크(arc) 패턴

그림 03 블록 형태에 따른 설치 패턴

사진 10 샹젤리제 거리 돌 포장 패턴(아크 패턴)

사진 11 광화문 돌 포장 패턴(일자 패턴)

턴과 같이 곡선형 패턴을 사용하는 것이 좋다. 그러나 세종대로 돌 포장에는 도로 사용자를 위해 해야 할 가장 기본적인 문제 중 하나인 '패턴'의 고민이 누락되었다.

　마지막으로 네 번째 실패 원인은 지리적 특수성에서 기인한다. 세종대로는 청와대에서 출발하는 차량이 가장 먼저 진입하게 되는 대로이다. 필연적으로 대통령의 주요 동선이 될 수밖에 없는 공간이다. 이런 이유로 세종대로 돌 포장 설계 당시 서울시와 청와대 관련자가 면담을 진행하였는데, 그 결과 청와대 입장은 설계 원안대로 차도를 돌 포장으로 하되 주행 시 아스팔트 도로와 유사한 쾌적성을 확보할 것을 요구했다. 경찰청의 요구사항도 있었다. 설계 당시인 2008년은 공교롭게도 광우병 관련 촛불시위가 광화문 주변에서 격렬하게 발생하고 있을 무렵이었다 세종대로 도로 포장 공사를 시행하기 위해 서울시는 경찰청으로부터 교통규제심의를 받아야 했다. 심의 결과, 경찰청에서는 차량의 운행과 관련하여 돌 포장에 대한 여러 가지 문제점(속도 저하, 미끄럼 등)을 통보했으며, 특이한 사항이 하나 있었다. 시위와 관련된 대목이었는데, 포장재로 사용되는 돌이 시위용품으로 이용될 수 있으므로 이에 대한 차단이 필요하다는 내용이었다. 청와대와 경찰청의 요구사항은 바로 설계변경으로 이어졌다. 모서리가 둥글둥글한 사괴석[07]으로 설계되었던 돌은 승차감 개선을 위해 네모반듯한 직사각형 화강석으로 변경되었다. 더불어 돌의 분리를 원천적으로 봉쇄하기 위해 돌과 돌 사이 공간을 채우는 재료는 물론 블록 하부에 충격을 완화하기 위해 사용하는 재료까지 모래에서 모르타르로 변경했다. 결과적으로 기술적 검토보다 청와대와 경찰청의 요구사항을 우선시 한 잘못된 행정 사례가 되

사진 12 설계변경 전 재료(사괴석)   사진 13 설계변경 후 재료(직사각형 화강석)

고 말았다.

　세상 어디를 가더라도 차량 운전자에게 아스팔트와 비슷한 승차감과 쾌적성을 줄 수 있는 돌 포장은 없다. 돌 포장의 설치 목적이 승차감과 거리가 멀기 때문이다. 돌 포장을 고려하는 이유는 차량의 속도를 줄여 보행인의 안전을 지켜주고 차량 운전자에게 불편한 승차감을 인위적으로 유발해 보행자와 차량이 적절히 공존할 수 있는 공간을 만들기 위한 것이다. 세종대로의 경우 차량 운전자의 쾌적함보다 역사성, 전통성, 경관성, 연속성 등 장소의 의미 및 주변 환경과의 조화가 더 중요하다고 판단했기 때문에 광화문 광장 포장과 동일한 돌 포장이 검토된 것이었다. 또한, 충격을 흡수하지 못하는 바닥 모르타르는 돌의 파손 원인이 될 수 있으므로 시위 등 민감한 문제가 함께 고려되어야 하는 특수한 경우라면 더욱 세심한 설계가 필요하다.

　무엇보다 기관별 견해 차이에서 오는 갈등과 요구조건은 중립적으로, 기술적으로 검토되었어야 했다. 그리고 수용하지 못할 부분이 있으면 '아니오'라고 당당히 말할 수 있어야 기술자라 할 수 있다. 그럴 자신이 없으면,

족보에도 없는 돌 포장이 아닌, 역사성을 과감히 포기한 아스팔트 포장으로 가는 것이 최악을 피하는 길이었을 것이다. 그래도 다행인 것은 돌 포장에 관한 심도 있는 성찰이 이루어졌다는 사실이며, 최소한 그만큼의 실력은 키웠다는 점이다.

NOTE
01 서울시 차도 석재포장 품질향상을 위한 기술용역 최종보고서, 2016.12, 서울특별시
02 받침(붙임) 및 줄눈 모르타르를 사용하여 돌 표층부를 일체화시키는 시공방법
03 받침 및 줄눈 모래 등의 재료를 사용하는데, 받침 모래는 돌의 하중을 하부로 분산시키고 돌 도장의 평탄성을 확보하며, 줄눈 모래는 상호 맞둘림 효과를 높임
04 액체와 같이 쉽게 흘러 움직이는 성질
05 속경 또는 초속경 시멘트
06 Shackel, B., Design and Construction of Interlocking Concrete Block Pavements, Elsevier Science Publishing Co., Inc,. New York, 1990.
07 사전적 용어로는 한식 구조의 뜬체, 돌담, 바람벽, 화방을 쌓는 데 쓰이는 25cm 정도의 각석을 말하며, 우리나라에서 포장용으로 사용되는 경우 10cm 정도의 정육면체 돌을 사용하고 있다. 시고석으로 잘못 사용하는 경우가 많음

덕수궁 돌담길
_공존도로의 상실

덕수궁 돌담길(이하 덕수궁길)은 한국 근대역사의 가장 치열했던 시간을 간직하고 있는 곳이며, 연인들의 대표적인 데이트 장소로 잘 알려진 곳이다. 필자에게는 교통공학 분야에서의 새로운 시도(공존도로)와 새로운 포장재(점토바닥벽돌)가 적용된 장소로서의 의미가 더 큰 곳이기도 하다.

 이 도로는 서울시에서 시행한 '걷고 싶은 거리' 사업 1호이자 공원녹지 확충 사업이 시행된 곳이다. 1996년 서울시는 덕수궁 돌담길 맞은편에 있는 대법원, 대검찰청(현재의 서울시청 서소문별관과 서울시의회 별관 건물)의 이전과 함께 기존의 위압적인 거리 이미지를 바꾸기 위해 설계현상공모를 시행하였다. 이때 당선된 작품이 시공되어 현재 풍경의 밑그림이 되었다. 그리고 1998년, 보행자의 안전성을 높이고 가로환경을 개선하기 위해 보행자와 차도가 함께 공존하는 '공존도로'의 개념을 도입하여 지금의 모습으로 재정비되었다. '정동길'로도 불리는 덕수궁길은 〈한국의 아름다운 길 100선〉에서 쟁쟁한 후보들을 제치고 최우수상을 받을 만큼 국민에게 사랑받는 길이다. 가을이 되면 길 곳곳에 심어놓은 은행나무가 주변을 온통 노란색으로 물들여 멋진 풍경을 자아내고, 바람에 흩날리는 낙엽은 영화

사진 14 덕수궁 돌담길 가을 전경

에서나 봤음직한 장면을 연출하여 운치를 더하기도 한다.

덕수궁길이 재정비될 당시는 공존도로의 개념이 거의 없을 때였다. 공존도로는 지금도 간헐적으로만 시도되고 있어 명칭만 들어서는 일반 시민들에게 생경할 수 있다. 의외로 개념은 간단하다 공존도로란 차량과 보행자가 공간을 공유하되 보행자가 우선시 되는 도로를 말한다. 따라서 통과교통량을 최소화하고 차량 속도를 인위적으로 줄이기 위해 주행에 불편을 주는 여러 가지 물리적 기법을 적용한다. 지금도 덕수궁길에 가 보면 차량의 운전조작을 불편하게 만든 S자 형태의 도로를 만날 수 있다. 차도와 보

사진 15
덕수궁길 교차로_
사괴석 포장(정비 전)

도가 공간적으로는 분리되어 있지만, 고저 차 없이 보도와 차도의 턱이 평평한 상태인 것도 확인할 수 있다. 공존도로 개념은 덕수궁길에 적용될 당시로써는 다소 혁신적인 시도였으나 교통공학 분야에서는 이미 이론적으로 정립되었던 것이었다. 예를 들면, 덕수궁길에 적용된 S형 도로는 교통정온화(Traffic Calming) 기법 중 하나로 물리적인 도로선 변형으로 차량의 속도를 줄이는 방법이다. 하지만 과속하기 어려운 형태로 도로가 변형되었다 할지라도 그 길을 자주 이용하는 운전자들은 변화에 금방 익숙해지게 되어 주행속도를 점점 늘리게 되고, 이에 대한 보완장치로 차도의 폭을 줄이는 한편 보도 표면에 거친 돌을 울퉁불퉁하게 설치하여 차량의 승차감을 인위적으로 낮추는 포장을 설치한다. 앞서 광화문 세종대로에서도 언급한 바 있는 사괴석 포장이 그것으로, 특히 공존도로에 갓 진입한 차량에

사진 16
덕수궁길 교차로_
아스팔트 포장(정비 후)

경각심을 주기 위해 덕수궁길 입구 삼거리 교차로 주변과 차도·보도의 경계에 설치되었다.

 1998년 이후 덕수궁 돌담길은 다섯 번의 크고 작은 정비를 시행하였다. 파손된 볼라드, 고사한 가로수, 파손된 차도와 보도의 포장재 등이 주요 대상이었다. 보도 포장과 관련해서는 2013년 차도에 설치된 사괴석을 아스팔트로 교체하면서 논란을 겪기도 했다. 포장을 새로 교체한 서울시와 중구청은 사괴석 포장이 쉽게 파손되기 때문에 민원, 안전, 예산 낭비 등의 이유를 들어 아스팔트로 교체할 수밖에 없었다고 설명했고, 애초 설계에 참여했던 전문가와 언론에서는 보행자 위주의 공존도로가 차량 위주의 분리 도로로 바뀌게 된 건 행정 편의적 발상이라는 주장을 펼쳤다. 양쪽 논리 모두 일견 타당해 보일 수 있다. 필자는 비난 보도 후 서울시 해명

보도 문구 작성에 직접 개입한 당사자이기도 하다. 당시 잘못을 인정하지 않겠다는 전제로 해명자료를 고민하다 보니 궁색하기 짝이 없는 변명 같은 답변만 나열되었다. 아래 내용은 그 당시 공중파 방송에서 인터뷰한 내용의 전문이다.

덕수궁길 관련 KBS 시청자칼럼 인터뷰 질문/답변 내용 _ 2013.12.10(화)

① 서울시에서 덕수궁 돌담길을 재정비한 이유는 무엇입니까?
- 1997년부터 1998년까지 덕수궁길 보행자 중심거리를 조성하면서 기존의 왕복 2차로였던 차도를 보도확장과 함께 일방도로인 1차로로 축소해서 현재에 이르고 있음.
- 1997년도 당시 설계개념은 차량을 천천히 달리게 해서 보행자가 먼저 이용하도록 하는 보차도 공존도로로 계획되어 차도와 보도 사이의 턱을 없애고 S자형 도로와 볼라드 및 사괴석을 설치하여 물리적이고 심리적으로 차량 속도를 늦추도록 계획되어 있었음.
- 그렇지만 15~16년의 세월이 흘러가면서 차량 속도를 늦추게 하려고 설치한 사괴석이 차량이 넘나들면서 파괴되었고,
- 그러한 와중에 장애인이나 유아차를 이용하는 주부들과 하이힐을 신는 여성은 물론 일부 시민들로부터 수많은 민원이 제기되어 최근 3년간 409회에 걸쳐 보수했지만, 부분적으로 보수하다 보니 결론적으로 누더기 차도가 되어 버렸음.
- 그래서 이번 기회에 부분적으로 남아 있던 사괴석을 제거하였으나, 이로 인해 보도폭은 오히려 더 넓어지는 효과가 있었음.
- 다만, 기존 아스팔트 포장도 균열이 심하고 침하가 많아 새로이 포장하였는데, 새포장이다 보니 차도폭이 넓어 보이고 차량 속도도 다소 증가한 것으로 보여 짐.

② 시민들은 이전과 같이 "걷고 싶은" 덕수궁 돌담길을 바라고 있습니다. 이에 대하여 서울시의 입장 및 향후 계획을 말씀해 주십시오.

- 먼저, 덕수궁길이 시민들께서 선정하신 우리나라의 가장 아름다운 길로 상징성이 있는 도로임에도 최초 설계 시 의도한 바대로 유지하지 못한 점에 대하여 우선 사과드림.
- 덕수궁길의 최초 설계자와 협의한 결과, 앞으로 보행자의 안전을 위하여 우선 차량 속도를 늦추기 위해 과속방지턱을 3개소에서 5개소로 늘리고, 제한속도도 경찰청과 협의하여 기존의 30Km/h에서 20Km/h로 제한할 예정임.
- 또한, 중장기적으로 대한문 쪽 입구 광장과 차도 양측에 사괴석 재설치를 검토해 나가겠음. (2017년 현재까지 이에 대한 검토는 없었음)
- 앞으로 이번 사례를 타산지석의 교훈으로 삼아 고궁 주변 등역 상징성이 있는 가로에 대한 공사 시행 시에는 기능적인 관점으로 보지 않고 시설물에 담긴 의미와 역사적인 보존 차원에서 최초 설계자는 물론 관련 기관과 시민단체 등과의 협의를 거쳐서 추진하겠음.
- 아울러 12월 20일, 덕수궁길 최초 설계자를 모시고 우리 시 기술직 공무원들을 대상으로 "역사문화 측면을 고려한 가로문화 경관 조성"이라는 주제로 특강도 계획하고 있음.
- 다시 한번 덕수궁길에 많은 애정과 사랑을 가져 주시는 시민 여러분께 진심으로 죄송스러운 마음을 전합니다.

지금은 모든 것이 명백하다. 만약 사괴석의 설치 목적이 분명한 상황에서 파손되고 떨어져 나가는 일이 발생한다면 대안은 두 가지로 검토되어야 한다. 사괴석과 동등하거나 그 이상의 효과가 있는 포장재를 설치하거나, 혹은 사괴석을 튼튼하게 설치할 수 있는 다른 방법을 연구해야 한다. 4년 전 그때도 그랬어야 했다.

누구를 위한
도로인가?

살다 보면 본인이 잘못해놓고 화를 내는 적반하장 경우가 의외로 많다. 도로와 관련해서는, 보도블록 위에 불법주차해놓고 단속에 걸렸을 때가 대표적이다. '함정단속이다', '세금 더 걷으려는 속셈이다', '주차할 곳도 없는데 어쩌라는 거냐' 등 본인의 행동을 어떻게든 정당화하려 애를 쓴다. 실제로 보행로에 주차한 차량을 목격하기란 그리 어렵지 않다. 보도를 차도와 분리하는 목적은 안전한 보행을 제공하기 위함이지만, 운전자는 단속에 걸리지 않고 재빨리 볼일을 보기만 하면 된다는 이기심에 사로잡히기도 하는 것이다. 차가 보도에 올라타는 순간 보행인은 차로부터 위협을 받으며 이리저리 돌아가야 하는 불편을 감수해야 한다. 욕을 하는 보행인도 있고, 심지어 차를 발로 차는 사람도 있다. 간혹 웃기면서 동시에 슬픈 진실을 마주하는 순간도 있는데, 욕을 하는 보행인이 얼마 전에는 다른 곳에서 불법 주·정차를 했던 사람인 경우도 있다는 것이다. 이처럼 보행로 위의 시민들은 상황에 따라 범법자도 되고 피해자도 될 수도 있다. 물리적 시설이나 단속 이전에 사람이 가진 이중성을 인정하면서 접근하는 방안이 필요한 이유다.

    도로 자체가 화를 불러일으킬 때도 있다. 차량 운전자가 울퉁불퉁한 바닥으로 인해 불쾌감을 느끼는 경우가 그렇다. 아스팔트 포장에 생긴 구멍(포트홀) 때문에 순간적으로 덜컹거리는 상황을 겪는다면 태연하게 '그럴 수도 있지'라며 지나치는 일이 절대 쉽지만은 않을 것이다. 더구나 갑작스러운 상황에 당황하거나 핸들 조작이 어려워 사고가 나는 경우도 있고, 드물지만 자동차 바퀴의 휠이 손상되었다며 도로관리청에 손해배상을 청구하는 경우도 있다.

기분 나쁜 포장상태와 관련하여 조금 다른 상황도 있다. 일부러 승차감을 좋지 않게 만든 포장 위를 지나는 경우다. 이러한 특수 포장을 지나가는 차량 운전자 반응은 크게 두 가지 부류로 나눌 수 있다. 첫 번째는 속도를 늦추고 안전하게 지나가는 부류다. 도로 설계자가 매우 흡족해하는 운전자의 모습이다. 두 번째는 울퉁불퉁하거나 말거나 시야가 확보되기만 하면 내달리는 운전자다. 특수 포장에서 차량이 시속 30~40km 이상 주행하게 되면 바퀴와 포장재의 마찰 소음이 현격히 커지기 때문에 운전자는 매우 불안한 심리상태에서 운전하게 된다. 간혹 다혈질이거나 기분이 상한 운전자가 당장 아스팔트 포장으로 바꿔 달라는 민원을 넣기도 한다. 보행인이라고 유쾌할 리 없다. 마찰 소음을 유발하면서 돌진하고 있는 차는 보행인에게 매우 위협적인 존재임이 틀림없다. 더군다나 그 도로가 우리 집 앞에 있는 골목길, 생활도로라면 더더욱 말이다.

도로를 이용하면서 겪는 불편과 짜증이나 화가 나는 상황은 결코 어느 한쪽에서만 발생하지 않는다. 차량 운전자 본인이 가해자이자 피해자이기 때문이다. 이 시점에서 우리는 도로가 과연 누구를 위한 시설물인지 심각하게 생각해 볼 필요가 있다.

사진 17 아스팔트 포장의 포트홀

운전자를 위한 것인가? 아니면 함께 타고 있는 승객인가? 화물칸에 실린 화물일까?

모두 맞는 대답이다. 이 세 가지 답변의 공통점은 모두 이동하는 차 내부에 있다는 것이고, 결국 차량은 누군가의 편의를 목적으로 한다는 것이다. 여기서 한 가지만 더 생각해 보기로 하자. 이러한 편의 중에는 빨리 가는 것도 포함될까? 당연히 많은 이들이 '그렇다'고 대답할 것이다. 하지만 빨리 가는 편의를 위해 사고를 당하는 애꿎은 보행인들은 어쩌란 말인가? 그저 보상하고 애도하면 그만일까? 빨리 가는 도로의 대명사인 고속도로 관리 기관인 한국도로공사 홈페이지를 방문해 보면 첫 페이지에 이런 문구들이 보인다.

'막힘없는 고속도로를 만들겠습니다.'

'신속한 사고대응체계 정착, 안전한 고속도로 시설 개선'

차량을 '빨리' 통행시키되 어쩔 수 없이 발생하는 사고에 대해서도 '빨리' 대처하겠다는 것이다. 대표적인 고속도로 사고는 졸음과 과속인데, 지체와 정체가 없는 상태에서 일직선으로 잘 뻗은 선형 도로가 과속을 유발하고, 단순 핸들 조작의 반복으로 졸음이 발생한다. 이름이 고속도로이니 천천히 달리라고 강요할 수도, 부탁할 수도 없는 노릇이다. 고속도로는 법적으로 빨리 가는 편의가 허락되는 도로다. 그렇다면 나머지 다른 도로는 어떠한가?

빠름이 답은 아니다

도로의 쓰임새에 대한 고민도 필요하다. 차량의 원활한 통행을 위해 만든 대다수 도로는 이미 우리가 살아가는 오늘 이 시대에 적합하지 않은 경우가 많다. 물론 도로의 종류(고속도로, 국도, 지방도 등)에 따른 역할과 제원은 이미 이론적으로 정립되어 있고, 학자들도 크게 문제가 없다고 생각하여 지금까지 이어져 오고 있다. 하지만 필자는 이를 조금 다른 시각에서 바라보고자 한다.

고속도로는 글자 그대로 사람이나 물자를 목적지에 빨리 보내기 위한 목적으로 만들어진 도로다. 구불구불한 길보다 일직선으로 쭉쭉 뻗은 길이 고속도로에 유독 많은 이유도 최단거리를 확보하기 위함이다. 빨리 달려도 흔들림 없는 쾌적함을 유지하기 위해 아스팔트 또는 시멘트 콘크리트 포장으로 매끈하게 마무리한다. 달리 말하면 아스팔트 포장은 운전자 중심의 재료라고 할 수 있다.

여기서 질문, '그렇다면 골목길 포장이 아스팔트로 되어 있는 이유는 뭘까?' 시민들을 집 앞까지 1초라도 더 일찍 도착하게 하려고 그랬을까? 1초라도 빨리 가고 싶어 하는 자동차로 인해 골목길에서 목숨을 잃는 보행자가 2015년 기준으로 1년에 2,586명[08]이라는 사실을 알게 된다면, 운전과 관련해서 '빨리'를 염두에 둔다는 것 자체가 결코 현명하지 못한 처사라는 걸 인정할 수밖에 없을 것이다. 부끄럽게도 토목기술자인 필자는 답을 알고 있다. 아스팔트 포장은 값이 싸고 설치가 쉬울 뿐 아니라 유지관리를 하는데도 간편하고 저렴하기 때문이다. 다치고 죽는 사람의 목숨값이 얼마인지는 고려하지 않는 몰인정한 대한민국 토목기술의 현주소다. 하지만 대부분 토목기술자, 특히 도로기술자는 이를 인정하지 않는다. 아스팔트 포장에 과속방지턱을 설치하거나 빨간 페인트칠만 해놓고 자동차 속도가 줄어들기를 기다리고 있을 뿐이다. 골목길 교통사고 원인이 포장 재질 한 가지에 기인하는 것이 아니라고 하면서 말이다. 운전자는 오늘도 이를 비웃기라도 하듯 골목길에서 가속 페달을 밟는다.

감속과 방어운전을 기본으로 해야 하는 상황이면서 아스팔트 포장을 버젓이 설치하는 사례 중 우리나라의 어린이 보호구역을 살펴보기로 하자. 어린이 보호구역은 외관상 일상 속에서 흔히 볼 수 있는 도로의 모습이지만, 그 내용만큼은 일반적이지 않다. 어린이 보호구역은 두 가지 목적을 위해 지정된다. 학생들의 안전한 통학공간 확보와 통과 교통의 속도 제한이 그것이다. 결국, 교통사고 예방이 궁극의 목표다. 이를 위해 교통안전시설물이나 도로부속물을 설치할 수 있는데 대표적인 시설물이 보도와 차도 경계에 설치하는 안전 울타리다. 이것은 보도와 차도를 명확히 구분 짓

사진 18
어린이 보호구역은 안전한 통학공간 확보와 통과 교통의 속도 제한을 위해 지정되었다. 교통사고 예방이 궁극의 목표다.

는 시각적인 효과도 있지만, 보행인의 무단횡단을 막는 효과도 있다. 울타리 효과 수혜자를 보행자에서 운전자로 입장을 바꾸어 생각해 보자. 안전 울타리가 있으면 확실히 운전자로서도 안심하고 운전할 수 있을 것이다. 하지만 이 부분에 대해 달리 생각해 볼 필요가 있다. 운전자를 심리적으로 편안하게 만든다는 건 과속할 수 있는 조건을 제공해 주는 것과 크게 다르지 않다고 볼 수 있다. 안전 울타리로 학생들의 무단횡단 사고 가능성을 줄일 수는 있겠지만, 운전자가 자발적으로 속도를 줄이게 하여야 하는 어린이 보호구역 취지에는 여전히 못 미치는 상황인 것이다. 그 외에 빨간색의 포장재, '어린이 보호구역'이라고 적힌 노면 표시, 그리고 과속방지턱은 어떠한가. 포장재 색상과 노면 표시 역시 시각적인 요소일 뿐, 운전자의 심리와 행동을 변화시키기에는 턱없이 부족하다.

그렇다면 도대체 무엇이 대안이란 말인가. 여기서 우리는 네덜란드의 SEP 사례를 볼 필요가 있다. SEP[09]는 Small Elements Pavements의 약자로 콘크리트 블록, 돌 등의 작은 요소들을 기본으로 하는 블록 포장을 통칭하는 말이다. 네덜란드의 포장면적 중 SEP가 차지하는 비중은 30~35%이며, 도심지의 경우 약 55%가 SEP 포장이다. 특히 차량 속도가 30kph 이내로 제한되는 생활도로는 50% 이상이 SEP로 시공되어 있다고 한다. 빨리 달리면 운전대가 흔들리고 소음이 발생하며 덜컹거리는 등 운전하기 불편한 포장을 일부러 만드는 것이다. 아스팔트 포장보다 비싸고 시공이 쉽지도 않은 블록 포장을 하는 이유는 차량에 탄 사람보다 거리에 있는 보행인을 보호하기 위함이다. 그들은 철없이 마구 뛰어다니는 어린이일 수도 있고 인지 반응이 떨어지는 힘없는 노약자일 수도 있으니, 우선 보호해야 한다는 것이다.

'빨리빨리' 국민성과 잘못된 자동차 운전 습관이 몸에 밴 우리의 교통문화를 생각하면 SEP처럼 자연스럽게 자동차 속도를 낮출 방법을 대안으로 검토할 필요가 있다고 생각한다. 현실은 자동차 속도를 강제로라도 낮추어야 수천 명의 골목길 보행 희생자를 줄일 수 있는 상황이므로 가능한 많은 아이디어와 지혜를 모아야 한다. 가령 내비게이션이 지름길을 검색할 때 골목길로 안내하는 기능을 배제하도록 한다든가, 혹은 보도와 차도의 구분이 없는 이면도로에서는 차량이 보행자를 추월하거나 경적을 울리지 못하도록 법제화하는 것도 고려해 볼 수 있겠다. 물론 이러한 과정은 보여주기 또는 행정편의주의적인 탁상공론이 아닌, '외국에서 좋다더라'는 식의 무작정 베끼기도 아닌, 우리 고유의 정책이어야 한다. 기술은 시간이 걸릴 뿐 노력 여하에 따라 얼마든지 극복할 수 있다. 하지만 생각은 그 근본부터 방향을 바꾸지 않으면 아무리 시간과 노력을 들여도 나아지지 않는다. 지금 우리에게는 새로운 시도가 필요하다. 새로운 생각이 필요하다.

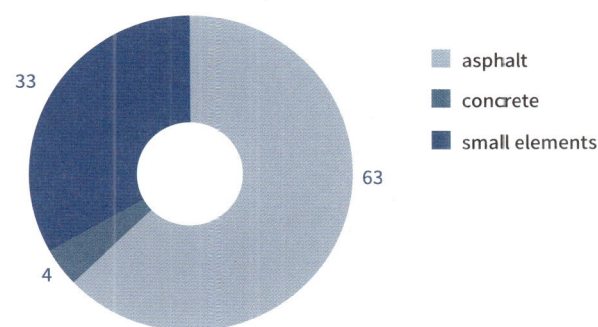

그림 04 네덜란드에서의 SEP(Small Elements Pavements) 비중(전체), 2007

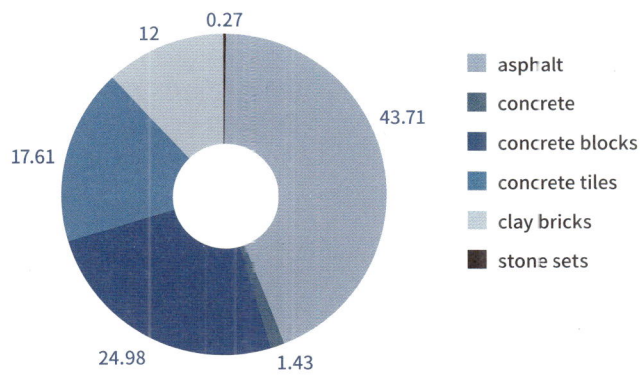

그림 05 네덜란드에서의 SEP(Small Elements Pavements) 비중(도심지), 2007

NOTE
08 교통사고 사망자 4,762명 중에서 2,586명이 이면도로에서 발생(경찰청, 2015년 통계)
09 네덜란드에서는 콘크리트 블록 포장, 돌 포장 등을 SEP라고 칭함.

영국의 공존도로

지난 2013년에 필자는 영국 런던(버밍엄)의 상징도로를 방문했다. 박물관 도로(Exhibition Road)라고 불리는 이 도로는 런던의 유명한 자연사 박물관이 위치한 켄싱턴 & 첼시 로열보로(Kensington & Chelsea Royal Borough)에 있으며, 공존도로를 시도한 곳으로 유명하다.

이 공존도로는 런던의 사우스켄싱턴 지하철역에서 하이드파크까지 박물관과 미술관이 모여 있는 820m의 직선 도로로, 약 520억 원을 들여 3년에 걸친 공사 끝에 완성(2012년 2월)되었다. 켄싱턴 & 첼시 로열보로, 런던시 및 웨스트민스터 시가 재정 분담을 하였다.

사진 19, 20은 공존도로의 전과 후를 보여주고 있으며, 왕복 4차선으로 차도와 보도가 완벽하게 구분된 도로에서 어디가 보도이고 차도인지 육안으로 구분할 수 없는 도로로 바뀌었음을 확인할 수 있다. '차도는 아스팔트, 보도는 블록', '보도와 차도는 분리해야 안전'이라는 전통적 방식에서 벗어난 용감한 실험정신이 반영된 것이다. 차도와 보도를 일체형의 공간으로 만들고, 차도와 보도의 높이가 같게 하여 휠체어, 유아차의 이동을 편하게 한 것이다. 신호등이나 표지판, 도로경계석 등을 없애 인도와 차도를 하나의 공간으로 만들어 보행자와 차량이 함께 다닐 수 있도록 만든 거리이다.

필자는 이곳에서 본 프로젝트의 매니저를 담당했던 공무원(Chris Hamshar)과 현장을 함께 걸으며 사업과 관련된 다양한 이야기를 들을 수 있었다. 그 중 인상적인 내용은 다음과 같다.

"교통시설을 많이 설치할수록 안전해지는 것이 아니라 운전자들은 도로가 자기 것인 양 안심하고 더 과속하게 된다."

"이곳을 지나가는 운전자들은 이 도로를 마치 큰 슈퍼마켓 주차장처럼 여기며 사람들이 여기저기서 카트를 끌고 다니는 것처럼 항상 조심스럽게 운전한다."

사진 19
박물관 도로(공사 전)_
왕복 4차선 차도, 보도가
엄격하게 구분된 기존
도로 형태였다.

사진 20
박물관 도로(공사 후)_
어디가 보도이고 차도인지
구분할 수 없는 도로.
보도와 차도의 분리가
안전하다는 고정관념을
벗어난 실험적인
도로 개선책이다.

차도블록

간단한 퀴즈를 하나 풀어보자.

'차가 다니는 도로에 보도블록이 깔렸다.'

위 문장에서 잘못된 것은 무엇일까? 정답은 보도블록이다. 보도블록을 블록 혹은 차도블록으로 바꾸면 적절한 표현이라 할 수 있다. 보도에 깐 블록은 보도블록이고 차도에 깐 블록은 차도블록이라는 아주 단순한 논리가 그 이유다. 그럼에도 대부분 사람들이 차도블록을 보도블록이라고 생각하는 이유는 우리나라에서 차도에 블록을 시공한 사례가 매우 드물어 특별한 경우에 속하기 때문이기도 하고, '보도블록'이라는 합성어가 하나의 단어처럼 사용된 습관 탓이기도 하다. 그렇다면 블록은 과연 보도에만 사용되어야 하는 포장재료일까?

우리나라에서 블록 포장은 보도, 공원, 광장 등 차가 다니지 않는 경(輕)하중 포장용으로 많이 사용됐다. 반면 일본이나 미국, 유럽 등에서는 공항 계류장[10], 저속 중심의 차도, 컨테이너 야적장 등 중(重)하중 포장용으로도 광범위하게 사용되고 있다.

우리나라 최초의 블록 포장은 지금까지 확인된 사진에 의하면 1912년

한성부(지금의 서울) 태평로 확장 공사에 설치된 보도블록이다. 오랜 역사와 달리, 시공품질은 후진국 수준을 벗어나지 못하고 있다. 전적으로 기능공의 경험에 의존하여 시공되고 있기 때문이다. 블록이 차도로 진출하기 어려운 이유다.

일본의 차도블록을 들여다보자. 언젠가 일본에 있는 블록 전문가에게 부탁하여 차도에 블록이 설치된 현장을 방문할 기회가 있었다. 승용차나 작은 트럭이 통행하는 이면도로였다. 현장 도착 후 얼마 지나지 않아 그들이 가지고 있는 자부심과 자신감을 확인할 수 있었다. 갓 시공을 끝낸 서울시 보도블록 현장보다 더 완성도 높은 차도의 블록 포장이라는 점에서도 그랬지만, 무엇보다 그 현장이 이미 준공된 지 15년이 지났다는 사실이 쉽게 믿기 어려울 정도였다. 오래되지 않아 때도 덜 묻고 디자인도 산뜻한 현장이 얼마든지 있었을 텐데도 굳이 이렇게 오래된 현장을 데리고 오는 자신감이 부러웠다.

기존 아스팔트와의 경계부, 측구[11]와 맨홀 주변의 깔끔한 마감 처리는 작업자의 정성과 노력 없이는 구현이 어렵다. 일본 현장의 건널목 앞에 표시되는 마름모꼴 노면 표시는 블록 포장의 백미였다. 언뜻 보기에는 블록 포장 시공 후 도료를 이용하여 노면 표시를 한 것처럼 생각될 수 있으나, 실제로는 별도의 도료 작업 없이 블록을 노면 표시에 맞게 색상별로 맞춤 재단·생산하여 시공한 것이었다. 도대체 일본의 블록 포장이 이토록 섬세하게 시공될 수 있는 까닭은 뭘까? 일본 기술자를 붙들고 물어봐도 한결같은 말만 되풀이한다. 그저 원칙대로 시공할 뿐이라고.

이면도로는 도로의 특성상 교통량이 많지 않다. 도로가 좁아서 주로 승

사진 21
아스팔트와
블록 포장의 경계부

사진 22
측구와 맨홀 주변의
블록 포장

사진 23
블록 포장의
노면 표시

사진 24 소카역 교통광장

용차나 작은 트럭 정도가 통행하게 된다. 이 때문에 블록 포장을 설치하더라도 괜찮을 수 있겠거니 싶었다. 혹시 대형 버스나 큰 화물차가 다니는 곳에도 적용해 봤을까? 그랬다면 결과가 어땠을까? 궁금증과 호기심이 발동했다. 다시 현장을 수소문하였다. 일본 블록 포장 전문가인 야기누마 히로시(태평양프레콘공업 기술개발부 부장) 박사를 통해 현장을 소개받았다. 2015년 8월, 금요일 밤 비행기로 출발하여 일요일 밤 비행기로 돌아오는 2박 3일의 빡빡한 일정이었다. 5개 도시를 돌며 일본의 차도블록 현장으로 들어가 보았다.

먼저, 소카역(草加駅) 교통광장이다. 1991년 시공되었으니 24년이 지난 차도블록이다. 버스정류장과 주행차로 모두 파형 블록이 사용되었으며, 지그재그(헤링본 본드) 패턴으로 포설되었다. 페인트 대신 흰색 블록을 이용하여 건널목, 화살표 등 노면 표시를 했다. 중심 도로가 블록 포장으로 설치되어 있다는 사실도 놀라웠지만, 24년을 버틴 수명은 경이로웠다. 서울시 간선도로 포장(아스팔트)의 평균수명이 6.6년임을 생각하면 4배 가까

사진 25 시부카와역 인근 교차로

이 장수하고 있는 셈이다.

다음은 시부카와역(渋川駅) 인근의 교차로에 설치된 차도블록 현장이다. 교차로 주변 건널목 네 곳에 차도형 블록을 시공하였고, 소카역과 같은 파형 블록이 사용되었다. 건널목 모양을 블록 자체의 고유색상과 패턴을 이용하여 만들었다. 운전자의 눈에 잘 보이도록 흰색과 붉은색을 조합했다고 한다. 블록 포장과 인접해 설치한 아스팔트 포장에는 소성변형[12]이 선명하게 보였다. 도착 전에 비가 와서 그 부분이 더 도드라져 보였다. 이 소성변형은 블록 포장이 시작되는 곳에서 멈춰있었다. 참고로 이 차도 블록의 나이는 26살(1989년 준공)이다.

교통광장을 한 곳 더 방문하였다. 아사카역(朝霞駅) 교통광장으로, 소카역 교통광장과 달리 직사각형(I_2형) 블록으로 포장되어 있었다. 반강성 포장의 버스정차대를 제외한 모든 공간이 블록으로 시공되어 있었다. 건축가가 설계에 참여해서 그런지 여느 현장과는 다른 멋스러움이 느껴졌다. 보도와 차도를 같은 패턴과 색상으로 시공하여 일체감을 주었는데, 시공이 매우 난

사진 26 아사카역 교통광장

해했다고 한다. 이상한 점도 눈에 띄었다. 두 가지 색상의 블록이 사용되었는데, 녹색 블록은 일자 패턴(Stretcher bond), 회색 블록은 지그재그 패턴(Herringbone bond)으로 시공되어 있었다. 차도에 일자 패턴을 쓰면 안 된다는 불문율을 어긴 것이다. 건축가의 고집스러움이 반영된 결과라고 한다. 일자 패턴으로 시공된 구간은 영락없이 많은 블록이 깨지거나 틈새가 벌어져 있었다. 과속이 우려되는 회전구간에 블록을 이용한 과속방지턱이 시공된 점도 기억에 남는다. 이곳 블록의 나이는 18살이다.

다음 장소는 좀 멀리 떨어져 있었다. 동계올림픽이 개최되었던 나가노시의 나가노역(長野駅) 버스정류장과 택시승강장·대기장이었다. 올림픽이 개

차도블록 135

사진 27
나가노역 버스 및 택시 정류장

사진 28
준공 당시의 나가노역

사진 29
준공 18년 후 나가노역

최되기 1년 전인 1997년 준공되었으니 18년이 지난 곳이었다. 직사각형(I_2형) 블록을 이용하여 지그재그 패턴으로 시공되었으며, 아스팔트 포장과의 경계부에 발생한 침하 외에는 문제가 없어 보였다.

차도 블록 답사 일정을 마치고 귀국 전 야기누마 박사에게 고맙다는 인사와 함께 한 가지 부탁을 했다. 다음 방문 시에는 최근에 시공된 깔끔한 현장도 소개해달라고 말이다. 안타깝게도 그런 현장이 많지 않다고 한다. 보도에서조차 코도블록의 사용이 매년 줄고 있다고 한다. 이유는 예산 부족이다. 토건 예산이 복지예산으로 흘러 들어가 포장을 하더라도 좀 더 싼 재료를 사용한다는 것이다. 싸고 시공이 편한 아스팔트로 말이다.

서울에는 중앙버스전용차로가 있다. 하루 종일, 일 년 열두 달 버스만 다니는 곳이기 때문에 포장이 성할 날이 없다. 오죽하면 튼튼하고 오래간다고 소문난 포장재의 테스트 구간으로 사용되기도 한다. 이곳에 제대로 된 차도블록 포장을 한 번쯤 시도해 보는 건 어떨까? 서울시 역시 복지와 일자리 예산 비중이 높아지고 있고, 그만큼 블록 포장 분야 역시 예산 고민이 적은 재료를 선택할 확률은 높아진다. 하지만 3~4배 이상 늘릴 수 있는 보도의 수명과 그 기간 만큼의 행정력 낭비를 줄일 수 있다는 점을 감안한다면, 무조건적인 저렴한 선택보다는 필요한 곳에 정확히 사용하는 고민이 시민을 위한 길일 것이다.

NOTE
10 공항 계류장(apron) : 육상 비행장 내에서 승객, 우편물 및 화물을 적재, 적하, 급유, 주기 혹은 정비를 위한 목적으로 항공기를 수용하도록 계획된 한정된 구역
11 도로의 노면 배수를 위해 도로 끝 또는 보도와 차도의 경계에 만들어져 있는 도랑. 단면 형상에 따라 L형, U형 등이 있으며, 도랑에 모인 물은 적당한 간격으로 만들어져 있는 집수통을 통해 하수관으로 흘러간다.
12 아스팔트 포장의 노면에 차량의 바퀴가 집중적으로 통과하는 위치에 연속적으로 움푹 들어간 것

APT.
아파트?

우리나라 인구 중에서 아파트 거주 비율이 절반에 육박한다고 한다. 필자도 아파트에 살고 있다. 지은 지 20년이 넘은 아파트라 요즘 새로 생기는 아파트처럼 주민 편의시설이나 멋진 디자인은 갖추지 못하고 있다. 하지만 수령이 오래된 나무들이 많아 풍경이 꽤 고즈넉하다. 요즘 지어지는 아파트일수록 단지 내 지상 주차장이 사라지고 있다는 특징이 있다. 그 공간은 운동시설, 산책용 공간, 녹지 공간 등으로 활용되어 주민들의 만족도를 높이고 있다. 또 다른 특징으로는 아파트 정문부터 지하주차장까지 이르는 단지 내부 도로와 지상의 비상차로가 보행 친화적인 소재로 변하고 있다는 점을 꼽을 수 있다. 분양가와 분양률을 높이기 위한 건설사들의 전략일 것이다. 대표적인 예가 아스팔트 포장을 블록 포장으로 바꾸는 것이다.

블록 포장의 아름다움과 기능적 측면(투수성, 속도저감)을 아파트 단지 내부 도로라는 공간에 구현하려는 의도까지는 참 좋았다. 문제는 성능이 떨어지는 자재 반입과 졸속시공으로 인해 저속(低速)도로가 아닌 저급(低級)도로가 되어가고 있다는 점이다. 관리 감독을 소홀히 한 감리 및 발주처도 공범이다.

사진 30 서울의 한 아파트 단지 내 도로

　아파트라는 사적 공간에서의 졸속시공은 공공장소의 그것과는 다른 인과관계가 존재한다. 공공장소에서 시행하는 공사는 발주처가 공공기관이지만, 아파트의 경우 한국토지주택공사(LH) 등을 제외한 대부분 사업이 민간 주도하에 시행되고 있다. 아파트 건설현장은 주요 공정이 건축공사이기 때문에 나머지 토목공사, 조경공사는 부대공사[13]로 취급되어 중요도와 관심도가 상대적으로 떨어질 수밖에 없다. 공기에 쫓겨 시공품질 저하가 가중되는 상황도 자주 발생한다.

　보도블록 공사는 대표적인 부대공사 중 하나다. 대체로 원도급사로부터 전문건설업체가 하도급을 받은 후, 다시 보도블록 전문 시공팀에 최저가로

재하도급을 준다. 문제는 여기에서 시작된다. 전문건설업체는 보도블록 공사가 상대적으로 관심이 낮다는 점을 이용하여 이윤을 극대화하려 한다. 즉 실제 설계내역서에 반영된 가격보다 훨씬 낮은 가격으로 보도블록을 구매하고, 실제 시공하는 팀은 저렴한 노동력을 동원하거나 혹은 업무량을 줄이고 빠르게 시공하는 방식으로 인건비를 조금이라도 아끼려 한다. 전문건설사에서 저가 수주가 이루어진 경우는 이러한 현상이 더 심각하다고 할 수 있다. 설계단가[14]에 실제 반영된 이윤보다 더 많은 이익을 남기려는 심리가 작용한 것인데, 시공 후 품질에 문제가 없다면 그나마 이해하고 넘어갈 수도 있는 부분이다. 하지만 보도블록이라는 제품은 가격이 싸면서 품질이 좋기가 어렵다. 특별한 기능이 있는 보도블록을 제외하고는 제조공정이 거의 비슷하므로 제조원가 또한 대동소이하다. 따라서 무리하게 싼 가격에 판매되는 보도블록이 있다면 그것은 십중팔구 품질이 좋지 않거나 품질 기준을 가까스로 맞춘 콘크리트 덩어리에 불과하다고 보아도 무방하다.

    보도블록 공사는 전체공사에서 적지 않은 비중을 차지하고 있다. 보도블록은 이윤을 조금이라도 더 남기고 싶어 하는 현장 소장에게 좋은 먹잇감이 되고 있다. 아파트 단지에 납품되는 보도블록은 보통 수십 만장이다. 한 장당 50원씩만 더 싸게 구매하더라도 몇백만 원에서 몇천만 원의 공사 이윤을 쉽게 챙길 수 있다. 그러다 보니 품질이 좋지 않은 보도블록이 현장에 들어오더라도 묵묵히 사용할 수밖에 없다. 제조사와 시공사의 공생관계를 보여주는 단적인 예라 할 수 있다. 그 누구도 이를 제재하지 않기 때문에 발생하는 현상이다. 하지만 이들의 사리사욕은 그리 오래가지 못할 것이다. 저급자재와 졸속공사는 하자를 발생시키고, 결국 대규모 민원으로 이어지

사진 31
APT(Accelerated Pavement Tester) 포장가속시험기_
짧은 기간 동안 과학적 방법에 따라 포장(수명)을 평가하기 위해 사용된다.
(한국도로공사 도로교통연구원)

게 되기 때문이다. 아파트 단지 내 블록 포장이 유행처럼 번지고 있으므로, 언젠가는 전국 아파트 단지에서 하자 사례가 봇물 터지듯 발생할 것이다. 파손은 이미 진행 중이다. 사람의 잘못을 보도블록이 모두 뒤집어쓰고 쓸쓸히 퇴장할 날이 다가오고 있다.

아파트을 의미하는 APT 말고 다른 뜻의 APT가 있다. 포장가속시험기

차도블록 **141**

(Accelerated Pavement Tester)의 약자로 쓰이는 APT는 도로 포장 전문가들만 아는 고가의 시험 장비다. 주로 짧은 기간 동안 포장의 수명을 평가하기 위해 사용된다. 예를 들어, 누군가가 수명이 20년 이상 오래가는 새로운 포장재를 개발했다고 하자. 이를 증명하기 위해 새로운 재료를 실제 도로에 적용한다면 아마도 20년 동안을 지켜보면서 기다려야 할 것이다. 이러한 비현실적인 평가방법을 보완하기 위해 고안된 장비가 바로 APT, 즉 포장가속시험기인 것이다. 한국도로공사 도로교통연구원에서 보유하고 있는 APT는 최고 45톤의 하중으로 1~3개월 동안 수백만 회를 반복 운행할 수 있다. 짧은 기간 동안 포장에 큰 하중을 주어 강제로 파손을 일으키는 역할을 한다.

필자는 차도블록 포장의 수명을 평가해 보기 위해 차도블록과 개질아스팔트(Polymer Modified Asphalt)[15]를 병행 시공하여 내구성능 차이를 실험해 본 적이 있다. 궁극적인 실험의 목적은 '중차량이 다니는 차도를 블록으로 포장할 경우, 과연 얼마나 버틸 수 있을까'에 대한 답을 찾기 위한 것이었다.

시험결과를 설명하기에 앞서 우리나라의 현실을 먼저 살펴보자. 우리나라에서 중차량이 통행하는 곳에 블록 포장을 시공한 사례는 고속도로 휴게소의 주차장 포장이 거의 유일하다. **사진 32**는 고속도로 휴게소에서 쉽게 목격할 수 있는 블록 포장의 부끄러운 모습이다. 깨지고, 벌어지고, 벗겨지는 블록 포장 파손 3종 세트를 볼 수 있다. 필자는 전국 고속도로 휴게소를 갈 때마다 포장재를 유심히 살펴보는데, 블록으로 시공된 곳은 약속이나 한 듯 영락없이 같은 상태다. 이런 이유로 현재 한국도로공사에서는 블록

사진 32
춘천휴게소 주차장
(서울양양고속도로)

포장 파손 구간에 대한 유지보수 방안으로 아스팔트 포장 덧씌우기[16]를 진행하고 있다. 과연 휴게소 블록 포장에 어떤 문제가 있었던 걸까?

한국도로공사가 자체 검토한 바에 따르면 휴게소 블록 포장 파손 원인은 블록의 '휨강도와 흡수율의 기준 미달' 때문이라고 한다. 휨강도가 부족하니 쉽게 깨지게 되고, 흡수율이 너무 높아 겨울철 동해로 인해 균열이 가고 부스러지게 된다는 것이다. 만약 블록 자체의 결함이 없는 것으로 조사됐다면 이어서 시공 상태와 하부 상태 분석이 진행되었겠지만, 재료에 대한 문제점이 적나라하게 드러났기에 모든 책임을 블록이 떠안게 되었다.

이쯤에서 드는 의문이 하나 있다. 한국도로공사에서는 왜 고속도로 휴게소 포장을 블록으로 시행했을까? 필자가 짐작하건대, 유럽 고속도로 휴게소를 다녀온 누군가의 제안으로 추진되었을 가능성이 있다. 사진 33은 필자가 2015년 유럽 출장길에 우연히 들렀던 독일 고속도로 휴게소의 블록

차도블록 **143**

사진 33 독일 고속도로 휴게소 블록 포장

포장을 찍은 것이다. 육중한 컨테이너 차량이 수시로 통행하는 구간을 블록으로 포장하였는데, 사진에서 보다시피 흠잡을 데 없이 견고하고 정밀하게 시공되어 있다. 깨지거나 침하된 블록을 애써 찾아봤지만 허사였다. 어디를 어떻게 보아도 말끔한 상태였으며, 주차 구획선을 도료가 아닌 흰색 블록을 사용해 처리했다는 점도 특이했다. 물론, 독일은 보도블록 제조설비를 우리나라에 수출하는 나라이기도 하다.

2003년 자료에 의하면 우리나라 고속도로 휴게소 119개소 중 블록 포장이 차지하는 비율은 무려 68.9%(82개소)나 된다.[17] 그러나 현재 신설 휴게소는 원칙적으로 아스팔트 포장을 지향하고, 기존의 파손된 블록은 위에 아스팔트를 덧씌워 보수하고 있다. 하지만 상황이 이렇게 될 때까지 방치하고 모든 문제를 제품인 블록에만 돌린다는 것도 어불성설인 것 같다. 물론 파손에 대한 원인 분석은 그 나름의 설득력이 있으며, 흉물로 방치된 휴게소 포장의 책임이 제조사에 있다는 주장도 일부 동의한다. 하지만 한

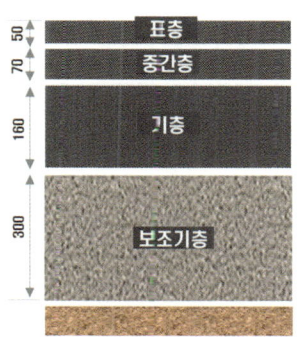

그림 06 차도블록 포장 단면   그림 07 개질아스팔트 포장 단면

국도로공사에는 많은 토목기술자가 있다. 토목기술자 비율로만 따지면 우리나라 모든 기관을 통틀어 상위 5% 안에 들 것이다. 외국에서 성공하고 있는 기술을 무작정 국내에 적용해도 좋다고 판단하는 기술자가 없듯이 국내에서 거듭 실패하고 있는 기술이라도 그들 기술자 모두가 예외 없이 '포기'가 답이라고 판단했다는 것은 믿기 어려운 일이다.

다시 APT로 돌아오 보자. 서울시에서는 광화문 세종대로 돌 포장의 파손 원인을 분석하고 돌 포장의 시공기준을 수립하기 위한 목적으로 한국도로공사에 APT 시험을 의뢰했다. 공교롭게도 그 장비는 한국도로공사 소속의 도로교통연구원에서 보유하고 있었다. 그런데 지금껏 고속도로 휴게소 블록 포장을 연구하기 위한 목적으로 APT를 가동한 사례는 없었다고 한다. 세종대로 돌 포장 원인 분석 시험의 공동 감독으로 참여한 필자는 남는 공간을 효율적으로 활용하기 위해 차도용 블록 포장도 함께 시험했다. 차도블록 구간과 아스팔트 포장 구간을 이웃하여 시공하였으며, 일반적으로

사진 34
차도블록 포장 시공

사진 35
개질아스팔트 포장 시공

사용하는 표준단면[18]을 적용하였다. 왜곡된 결과로 인한 논쟁의 최소화를 위해 모든 시공 상황을 빠짐없이 기록했다.

APT 시험결과가 궁금하겠지만, 이 책에서 특정 포장재의 좋고 나쁨을 언급하는 건 상대 포장재에 대한 배려가 아닌 듯하다. 시험결과를 대신하여 다른 말로 마무리를 할까 한다.

'아스팔트 도장과 견주어 볼 때, 블록 포장을 중차량 통행 구간에 적용해도 문제가 발생하지 않는다.'

한 가지 덧붙이자면, 차도용 블록 포장은 애초에 아스팔트 포장과는 쓰임새가 다르다는 것을 기억할 필요가 있다. 고속도로 휴게소 내부 진입도로와 주차장은 차량과 사람이 혼재되어 통행하는 공간이다. 무엇보다 주인공은 사람이어야 한다. 차량은 반드시 속도를 줄여야 하며, 가다 서기를 반복하도록 해야 한다. 사람은 차에서 내린 후 휴게시설을 이용하기까지 안전을 보장받을 수 있어야 한다. 다가오는 차를 무서워해야 한다면 진정한 휴(休)게소가 아니다. 그리고 그런 시점에서 기술자들이 선택한 주요 대안이 바로 차도블록이었다.

NOTE

13 공사 중 주요한 부분을 가리키는 본 공사에 대하여 부대적인 역할의 공사를 말함.
14 설계내역서에 나타난 물량을 기준으로 하여 산정한 단가로서 국가 표준 품셈 및 물가 정보에 따르게 됨.
반면 실행 단가는 현장에서 산정되는 단가로서 실제 사용 자재 및 노임비 등을 반영하여 계산하는 단가를 말함.
15 일반 석유 아스팔트에 고무 계열의 고분자 개질재인 SBS(Styrene Butadiene Styrene Block Copolymer)를 결합해 품질을 개량한 아스팔트이다. 온도 변화에 크게 좌우되지 않고 탄성 및 유연성을 유지하며, 고무계 고분자 개질재를 사용하므로 방수 효과가 우수하고, 저장 안정성이 뛰어나다. (두산백과)
16 파손된 블록 위를 아스팔트로 덮어씌워 포장하는 것
17 2004~2011년에도 46개의 고속도로 휴게소가 준공되었으며, 이 중 15개소를 블록 포장으로 시공하였다고 함.
18 블록 포장의 경우는 외국에서 중차량 교통 하중에 사용하는 두께 100~120mm 블록 중에서 120mm 블록을 적용하였음.

청춘블록

2017년 2월의 어느 날, 세종특별자치시에서 한 통의 전화가 걸려왔다. 조치원로 보행환경 개선사업과 관련하여 자문회의를 계획하고 있는데 참석해 달라는 부탁이었다. 관련 자료를 전달하는 정도로 도움을 주려 했는데, 얘기를 좀 더 듣다 보니 차도에 대한 내용이었다. 조치원역 앞 중심가로인 조치원로 차도 왕복 4차로 구간에 차도블록 포장을 적용하려 하는데 이에 대한 의견을 좀 달라는 것이었다. 지방자치단체 공무원이 타지방으로 출장을 가는 경우는 흔치 않은 일이다. 하지만 평소 차도블록에 대한 관심이 많았고, 조치원에서 과연 어떤 계획을 추진하고 있는지도 궁금해졌다. 흔쾌히 수락하고, 정식 공문을 요청했다. 공문을 받고 보니 궁금한 점이 하나 더 생겼다. 발신부서(사업 추진부서)의 이름만 보고는 도무지 어떤 부서인지 감이 잡히질 않아서였다.

'청춘조치원과'

부서 이름의 사연이 궁금하여 자문회의 당일 날 담당자를 만나 인사가 끝나자마자 부서 이름의 의미부터 물었다. 사연인즉슨, 해당 부서는 조치원역 주변 상권 활성화를 담당하고 있으며 과거 조치원의 명성과 활력을 드

사진 36 대전시 중교로 차도블록 포장_ 설치 1년 후 모습

높이겠다는 각오 아래 '청춘'이라는 상징적인 용어와 지역명을 결합한 새로운 명칭을 만들었다는 것이다. 블록 포장의 도입 역시 지역 활성화 계획의 일부임을 짐작할 수 있었다.

   보도블록도 제대로 시공하지 못하고 있는(실은 이러저러한 이유로 안 하고 있지만) 현실을 뻔히 알고 있었기에 필자는 도내외 차도블록과 관련된 많은 자료를 준비한 후 회의에 참석했다. 차량이 많이 다니는 도로에 블록을 설치하기 위한 설계, 자재선정, 시공 등에 대한 세세한 항목과 주의사항, 사례를 통해 시공을 잘못하면 어떤 하자가 발생하는지도 설명했다.

   잘못 시공된 사례 설명을 위해 잠시 장소를 대전으로 옮겨 볼까 한다. 대전시에서는 2015년에 상징가로 조성을 위해 기존 차도 구간의 아스팔트를 걷어 내고 블록 포장 도입을 시도하였다. 그 후 1년도 지나지 않아 블록이 파손되고 울퉁불퉁해지는 하자가 발생하였다. 블록 사이에 있어야 할 줄눈 모래와 블록 하부에 있어야 할 받침 모래가 비 온 후 펌핑 현상에 의해 블록 상부로 솟아올랐다. 모래가 채워져 있어야 할 공간이 비는 만큼 블록들은 자리를 잡지 못하고 더욱 심하게 파손되어 갔다. 파손의 원인은 명확했다. 차도블록에서는 블록 크기, 모양 및 패턴이 모두 중요하다. 이 중 하나라도 조건이 충족되지 않으면 파손으로 이어진다. 먼저 잘못된 크기의 블록을 선정했다. 대전시에서 사용된 차도용 블록은 우선 크기 선택에서 잘못되었다. 이곳에 사용된 것은 가로 300㎜, 세로 200㎜의 비교적 큰 사이즈였다. 일반적으로 큰 사이즈의 블록은 차량의 하중에 취약하여[19] 차도에는 적합하지 않다. 차도용 블록을 많이 사용하는 선진국에서는 차도, 공항 계류장, 컨테이너 야적장 등 중하중용 블록 시공 시 가로 200㎜, 세로 100㎜의 소형 블록을 사용한다. 물론 두께는 두꺼울수록 내구성이 좋다. 일본에서는 더 엄격한 기준을 적용하고 있는데, 직사각형보다 맞물림력이 더 좋은 파형 블록(옆면에 굴곡이 있는 블록)을 차도용 블록으로 사용하고 있다. 블록 옆면의 면적이 크고 굴곡이 형성될수록 외부의 힘에 저항하는 맞물림력이 좋다는 연구 결과를 근거로 한 것이다.

좀 더 설명을 덧붙이자면, 블록의 모양과 설치 패턴은 블록의 크기와 더불어 가장 중요한 요소들이다. 이는 차도에 설치된 블록의 회전과 수평거동에 영향을 미친다. 그림 08을 자세히 살펴보도록 하자. 블록 옆면이 굴곡 없이 평면으로 형성된 경우에는 하나의 블록(B)이 회전하게 되면 패턴과 상관없이 회전에 저항하는 블록 자신과 인접 블록이 한 방향(방향 1)으로 밀려 나간다. 하지만 같은 조건이라도 옆면에 굴곡이 형성된 파형 블록에서는 블록(B)을 회전시키려면 '방향 1'뿐 아니라 '방향 2'의 힘도 함께 필요하다. 가장 복잡한 지그재그 패턴에서는 블록(B)이 외력에 의해 회전할

사진 37 일본의 차도블록 포장_ 옆면 굴곡이 있는 파형 차도블록

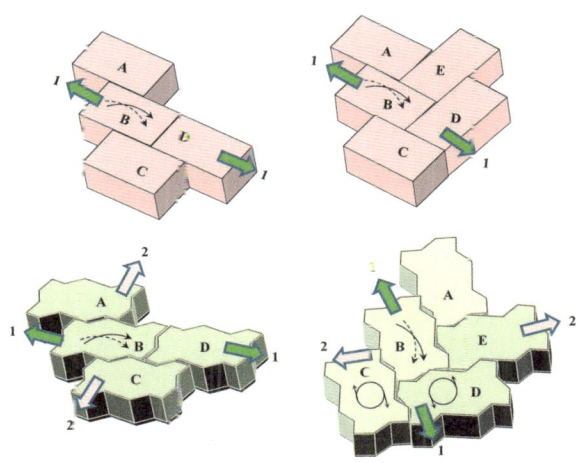

그림 08 블록 형태와 패턴에 따른 수평 거동(Shackel et al. 2003)

경우 두 방향의 힘은 물론 맞물린 블록들이 수평 방향으로 회전하려는 특성까지 더해져 보다 견고하게 지지가 된다. 더불어 블록 포장을 차도에 적용할 때에는 자동차의 주 진행방향으로 블록을 설치하면 가속이나 감속 시 힘을 많이 받게 되므로 진행방향에서 45도 기울어진 지그재그 패턴의 블록을 설치하는 게 좋다(Shackel and Lim, 2003)고 알려져 있다.

장소를 다시 조치원으로 옮겨 보자. 필자는 차도블록 사업의 성공을 진정으로 바라는 마음에서 자문회의 내내 진지함과 냉정함을 유지한 채 설계, 재료선정, 공사방법 등에 대한 사항을 조목조목 발언했다. 서울에서도 시도해 보지 못했던 사업을 이곳에서라도 성공하여 모범사례가 됐으면 하는 바람이었다. 조치원로 사업에 대한 필자의 자문 요지는 다음과 같았다.

"아직 우리나라에서 차도블록 포장에 대한 시공 경험이 거의 없다. 그래서 자재선정을 비롯하여 모든 공정마다 꼼꼼한 검토와 감독이 필요하다. 만약 그게 어려울 것 같으면 하지 않는 편이 낫다."

발주처, 시공사, 제조사 모두 하자 발생으로 고생하는 일이 없도록 차도블록 공사에 대한 섬세한 감독을 요청한 것이다. 하지만 세종시 공무원과 시공사는 차도블록 실패사례인 대전시 현장을 직접 방문한 후 차도블록 성공에 대한 불확실성과 큰 부담감으로 인해 차도블록 계획을 철회해 버리고 말았다. 차도블록 사업 성공을 진정으로 바랐던 내 의도는 그들에게 좋은 자극이 아닌 공포로 다가갔던 것이다.

다행히 조치원로 공사구간의 상가번영회 상인들이 대부분 아스팔트 포장보다 블록 포장을 더 선호하였고, 전체 공사구간 중 절반만 애초 설계내용대로 차도블록을 설치하기로 했다. 차도에 블록이 설치되면 광장처럼 보

사진 38
도로가 광장으로
변한 조치원로

이고, 광장은 사람을 끌어모으는 작용을 하니 유등인구가 많아질 것이고, 이는 곧 상권 활성화로 이어질 것이라는 기대감 때문이었다.

2017년 11월 초, 8개월간의 줄다리기 끝에 조치원로 차도블록 공사는 무사히 마무리되었다. 안전도를 고려하여 두께 100㎜ 차도용 블록을 사용하였으며, 자동차의 진행 방향으로 45도 각도를 가진 지그재그 패턴으로 정밀 시공이 적용되었다.[20] 기술적인 검토사항을 대부분 반영한 제대로 된 차도블록 포장이 탄생한 것이다.

이제부터 시작이다. 첫술에 배부를 수는 없다. 주기적인 모니터링과 관리가 지속되길 간절히 바란다. 조치원을 과거 번영했던 시절로 회춘시키는 '청춘블록'의 힘을 보고 싶다.

NOTE
19 큰 사이즈의 블록은 자동차 하중을 하나의 블록이 온전히 받게 되어 파손이 쉽게 발생한다. 반면 작은 사이즈의 블록은 큰 하중을 받더라도 주변에 있는 블록으로 하중을 전달하여 하중을 분산하게 된다.
20 작업이 어려운 패턴이었으므로 현장 기술자들의 불만이 매우 컸다고 한다.

사진 39 완공된 차도블록 포장 현장(조치원로)

Block 4

친환경 보도블록

스펀지 보도블록
투수 성능 지속성
투수블록의 종류
투수 성능 회복
투수블록 건강수칙
차도 투수블록
열섬과 차열성 포장
차열블록

스펀지 보도블록

세월호 침몰사고 후 대부분의 언론매체에서는 대부분의 잘못이 세월호 선장과 선원에게 있는 것처럼 보도했다. 배가 조난된 상황에서 선장은 탑승객이 모두 내릴 때까지 승객의 탈출을 도와야 한다는 규정을 근거로 말이다. 선장이 지켜야 할 규정도 물론 중요하다. 그보다 선장이 왜 기본적인 규정을 지키지 않았는지, 그 동안 지키지 않아도 괜찮았던 이유가 무엇인지를 먼저 따져 보았어야 하는 게 아닐까. 그 사고는 무수히 많은 '기본'들이 무시되었다. 선장과 승무원이 지켰어야할 '기본', 구조대가 행동했어야 할 '기본', 화물 적재와 고박장치에 대한 '기본', 선체 구조변경 원칙 등 평소에는 무시됐어도 괜찮았던 '기본'사항이 인간의 욕망과 안전불감증을 만나면서 슬픔, 분노, 사회적 분열을 만들고 만 것이다.

다시 보도블록이다. 보도블록 중에는 투수(透水)블록으로 분류된 품목이 있다. 투수블록은 물 빠짐을 기본 기능으로 하는 특수한 블록이다. 비가 오면 빗물을 스펀지처럼 흡수해서 그 물을 땅속으로 흘려보낸다. 일반적으로 보도블록은 보통블록(불투수블록)과 투수블록으로 구분할 수 있는데, 투수블록은 가격 면에서 20% 정도 더 비싸고 시공비 또한 마찬가

사진 01 투수블록 설치 사례_ 불투수 아스팔트 포장(왼쪽 부분), 투수블록 포장(오른쪽 부분)

사진 02
투수블록 설치 사례_
불투수블록 포장(윗부분)
투수블록 포장(아랫부분)

친환경 보도블록 159

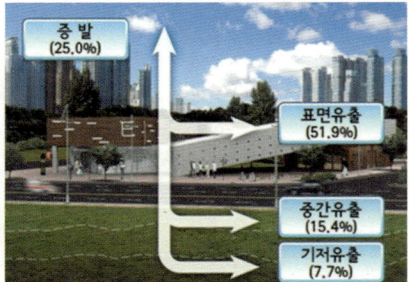

그림 01 서울시 물순환의 변화_ 도시화 이전(1962년)   그림 02 서울시 물순환의 변화_ 도시화 이후(2010년)

지로 좀 더 비싸다. 공정도 복잡하고 추가로 투입되는 부자재도 있기 때문이다. 그럼에도 굳이 투수블록을 사용하는 이유가 뭘까?

우리나라는 지난 수십 년간 토지이용 효율화가 급속도로 진행되면서 시가지가 확대되어 불투수 포장면적이 증가하였다. 따라서 도시의 물순환 체계가 교란되는 등 여러 환경위기[01]에 직면하게 된 것이다. 서울시의 2013년 자료에 따르면, 1962년에서 2010년 사이에 표면에서 유출되는 우수(雨水)의 양은 10.6%에서 51.9%로 증가했고, 증발 및 지반으로 침투되는 양은 현저히 감소한 것으로 나타났다. 전에는 자연지반(논, 밭, 임야, 흙길 등)이었던 곳에 빌딩이 들어서고 도로(특히 아스팔트 포장)가 생기면서 도시가 전반적으로 불투수화 되었다는 의미다.

대안으로 LID(Low Impact Development: 저영향 개발) 개념을 적용한 빗물관리에 대한 관심이 증가하기 시작했다. LID는 빗물이 떨어진 지점에서부터 침투 또는 저류하게 하여 수(水)생태계를 개발 이전 상태로 유도

하는 기술로 선진국들에서는 이미 많은 연구가 이루어지고 있다. LID의 한 분야인 포장은 효율적인 빗물관리를 위해 투수성 콘크리트, 투수성 아스팔트, 투수성 블록 등을 사용하고 있다.

LID 시설의 사용을 반대하는 주장도 적지 않다. 도로 밑으로 물이 스며들면 인근 노후 건물 지하에 누수가 발생하거나 지반이 약해져서 땅이 꺼지는 문제가 발생할 수 있다는 것이다. 그러나 지난 10년간의 수많은 시험 시공과 모니터링 결과, 지금까지 빗물의 지반침투로 인한 비정상적 침하 또는 파손은 없었기에 그러한 우려를 불식시킬 수 있었다.

하지만 문제는 예상치 못했던 곳에서 나타났다. 투수블록의 공극(空隙)이 막혀 더는 투수가 되지 않는 상황이 발생했기 때문이다. 짧게는 3개월 만에 공극이 막히기도 했다. 투수 성능이 사라진 투수블록은 더 이상 투수블록이 아니다.

왜 이런 시한부 제품이 현장에 설치된 것일까? 투수블록이 시공 후 쉽게 막힌다면 과연 누구의 탓일까? 투수블록과 일반블록의 가장 큰 차이점은 투수 기능의 여부다. 그렇다면 투수는 과연 얼마나 오랫동안 지속되어야 하는 걸까? 보도블록의 수명이 보통 10년이라면 투수 성능의 수명은 5년쯤이면 될까? 투수가 가장 '기본' 기능이니까 당연히 10년은 가야 하는 걸까?

물론 투수블록 포장의 투수 성능이 시간의 경과에 따라 감소하는 것은 외국도 마찬가지다. 우리나라 도로관리청에서도 이러한 사실을 일부 인지하고 있지만, 친환경이라는 이유로 투수블록 사용량을 해마다 늘리고 있다.

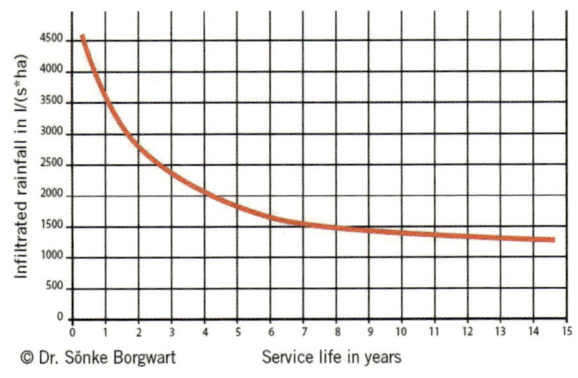

그림 03 시간 경과에 따른 투수 성능 변화(유럽 사례)

　　투수블록의 공극이 막혀 투수 성능을 상실하게 되는 현상에 대해 관련 당사자들의 입장을 살펴보자. 먼저, 투수블록의 공극 막힘을 현장에서 직접 경험한 서울시의 입장이다. 투수블록의 공극이 영원히 막히지 않을 것이라 믿을 만큼 순진한 공무원은 없다. 투수 성능이 얼마나 오랫동안 지속될 지 알고 있는 공무원도 없기는 마찬가지다. 다만 국가에서 사용해도 된다고 인정한 투수블록이니 지금까지 의심 없이 사용한 것이다. 그림 04를 보자. 보도에 투수블록을 시공한 후 6개월 만에 투수기능이 크게 저하되어 국가에서 정하고 있는 기준치 아래로 떨어진 사례들을 나타내고 있다. 이 사실을 알고도 투수블록을 계속 사용하는 '소신 있는' 공무원이 있을까? 세상에 알려지게 되면 영혼 없는 공무원이라는 비난과 함께 감사를 받게 될지도 모른다. 처벌이 두려운 공무원, 소신 없는 공무원이라면 투수블

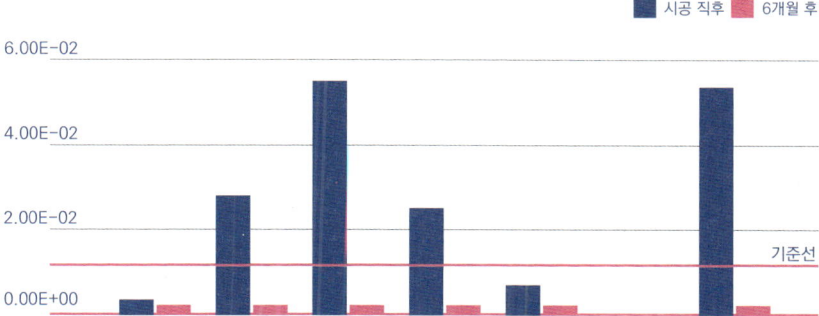

그림 04 현장 침투능 실험 결과(서울특별시, 2010)

록을 거리낌 없이 사용하기란 쉽지 않을 것이다.

투수블록을 만드는 제조사의 입장은 또 다르다. 투수블록 시공 후 공극이 막혔다면 도로관리청에서 주기적으로 공극을 청소하여 막힌 공극을 뚫어줘야 한다고 주장한다. 또한 제조사에서 생산된 투수블록은 국가에서 규정한 투수계수 기준을 통과한 제품이기 때문에 그 이후에 발생하는 문제는 제조사의 책임이 아니라는 입장이다. 블록과 블록 사이에 채워지는 줄눈 모래도 공극을 막는 역할을 하기 때문에 시공사에게 책임을 떠넘기기도 한다.

이렇듯 투수블록의 공극 막힘 현상은 사용자인 시민을 대리하는 행정 관리자와 제조사의 견해차로 인해 팽팽히 맞서고 있는 상황이다. 이러한 갈등관계를 원만하게 해결하는 데 필요한 것이 바로 사회적 합의, 즉 제도

표 01 콘크리트 인터로킹 블록의 품질기준(KS F 4419)

구분	휨강도, MPa(=N/㎟)		흡수율, %		투수계수 mm/sec
	보도용	차도용	개개	평균	
보통블록	5.0 이상		10 이하	7 이하	-
투수블록	4.0 이상	5.0 미만	-	-	0.1 이상

적 장치이다. 누군가는 이를 규제라 말하기도 한다.

표 01은 기술표준원에서 관리하고 있는 콘크리트 투수블록의 국가표준이다. 투수블록의 물성기준은 휨강도와 투수계수 두 가지로 이루어져 있다. 콘크리트의 특성상 특별한 경우를 제외하고는 재령[02]이 증가함에 따라 강도도 증가한다. 물론 강도가 커지는 속도와 최고 강도는 시멘트 양, 배합, 양생 등 다양한 조건에 따라 차이를 보이긴 하지만, KS에서 규정하고 있는 휨강도 기준치를 통과하게 되면 현장에서 문제가 거의 발생하지 않는다. 강도와 달리 투수계수는 시간이 경과함에 따라 성능이 줄어든다. 줄어든 성능에 대한 대안이 없지는 않다. 현재 KS 규격으로 만들어진 제품의 투수계수 기준을 상향 조정하여 지금보다 투수 성능이 오래 갈 수 있도록 하는 방법이 검토될 수 있다.

또 다른 방법은 공극을 청소하여 투수 성능을 회복시키는 것이다. 하지만 현재 청소를 통하여 투수블록 포장의 공극을 효과적으로 확보할 방법이 없다는 한계가 있다. 고압살수 또는 공기흡인방식이 투수포장의 공극 확보에 어느 정도 효과가 있다 하더라도 블록 포장의 특징상 줄눈 모래도 함께 제거된다는 문제가 남게 된다. 특히 고압살수의 경우에는 물을 사용하기 때문에 작업이 끝난 포장체는 젖어 있는 상태로 남게 된다. 줄눈 모래는 건조한 상태에서만 채움이 가능해서 완전 건조되기까지 더 많은 시간이 필요하며, 그만큼 교통개방 시간 역시 지연된다. 공기흡인방식 또한 외국의 사례는 일부 있지만 우리나라에서는 아직 장비가 도입되지 않아 적용 가능성을 검토할 수 없다는 한계가 있다. 이 논란은 아직도 현재 진행형이다.

NOTE
01 도시형 홍수, 지하수 고갈, 열섬현상 가중, 지중생태계 악화 등
02 콘크리트가 만들어지고부터의 경과 일수

투수 성능 지속성

좋은 보도블록이 되기 위한 기본 조건은 무엇일까? 답은 의외로 간단하다. 우선 잘 깨지지 않도록 단단해야 하며, 동결융해[03]에 저항할 수 있도록 수분흡수율이 높지 않아야 한다. 치수가 달라 들쭉날쭉하지 않아야 하는 것은 너무나 당연한 사항이다. 투수블록의 경우에는 한 가지 조건이 더 추가된다. 일정 기준 이상의 투수계수를 확보해야 한다는 점이 바로 그것이다.

보도블록의 특성상 양질의 제품인지를 육안으로 구분하는 건 쉽지 않다. 제품만 봐서는 어느 회사에서 생산된 보도블록인지를 구분하는 것도 어려운 일이다. 오죽하면 제조사 관계자들조차 제품이 섞여 있을 때 본인 회사 제품을 선별하기가 쉽지 않다고 말할 정도다. 다시 말하면 보도블록의 경우 제품 간 변별력이 거의 없다는 것이다. 그래서 등장한 방법이 표면처리 기법이다. 보도블록 표면 질감을 개선하여 돌처럼 고급스러워 보이게 만드는 기술을 말한다. 거칠고 단조로운 콘크리트를 화강석이나 대리석처럼 보이게 만드는 착시현상쯤으로 이해하면 좋을 듯하다.

콘크리트 블록에 이처럼 표면처리 공법이 적용된 시기는 대략 2000년대 중반부터다. 보도블록의 기본적인 기능에 아름다움이 결합된 것이다.

이를 계기로 일반 콘크리트 블록(불투수블록)은 혁신을 이루었으며, 해당 기술력을 견인한 선도업체는 짧은 시간에 많은 영업 성과를 거둘 수 있었다. 하지만 좋은 시절은 길게 가지 않았다. 곧 대부분 업체에서 유사 제품을 양산하기 시작한 것이다. 제조 기술력 상향 평준화가 이루어지면서 변별력 상실의 시대가 온 것이다.

때마침 이 시기에 투수블록에 대한 수요도 급격히 늘어났다. 도시홍수 피해 때문에 여러 가지 대안을 찾던 서울시는 투수블록을 적극적으로 도입했으며, 생태면적률[04] 적용 대상사업이 많은 한국토지주택공사(LH)에서도 마찬가지였다. 문제는 투수블록의 사용량은 계속 증가하는 데 반해, 투수블록의 수명은 개선될 기미가 보이지 않고 오히려 감소하기까지 하는 웃지 못할 상황이 발생하고 있었다는 것이다. 막혀도 너무 빨리 막혀버리기에 대수롭지 않게 넘어갈 수 있는 상황이 아니었다. 일탄 보도블록의 기본은 안전하고 쾌적한 보행환경을 제공하는 것으로 끝나지만, 투수블록은 사용 기간 내내 빗물을 땅속으로 흘려보내는 역할까지 포함시켜야 하기 때문이다.

이러한 상황을 더는 묵과할 수 없다고 판단한 서울시에서는 토목사업 시행부서 및 25개 자치구 토목과 등에 공문을 발송했다. 별도의 지침이 수립되기 전까지는 투수블록의 사용을 자제하라는 내용을 담고 있었다. 즉, 짧은 기간 내에 투수기능이 사라지는 투수블록을 계속 사용할 수는 없다는 것이었다. 공문의 후폭풍은 생각보다 거셌다. 투수블록 생산 제조사에서 보인 반응이 주를 이루었는데, 결국 '네 탓 공방'이었다.

먼저 제조사 측 입장이다. 국가에서 정한 기준대로 생산했는데 지방자치단체에 불과한 서울시에서 왜 규제를 해서 판로를 줄이냐는 항의성 의견

사진 03
보도블록 변천_
1970년대

사진 04
1980년대

사진 05
1990년대

사진 06
2000년대

과 함께, 투수블록이 막히는 현상은 유지관리를 하지 않은 발주처의 책임도 있다는 입장을 펼쳤다. 논리적으로 볼 때 틀린 말은 아니었지만, 그렇다고 인정하고 받아드릴 수 있는 상황도 아니었다.

서울시의 항변은 이렇다. 소비자가 물건을 사려고 상품을 고를 때는 나름대로 개인적 선호도, 가격, 효용가치 등 여러 가지 개인적 기준을 가지고 신중하게 선택한다. 서울시는 시민을 대신해서 물건을 구매하는 소비자이다. 소비자인 서울시가 시민이 이용하는 보도블록을 사는데 있어 좀 더 신중하게 구매하겠다는데 이게 잘못된 판단인가?

제조사 측 반론이 이어졌다. 가뜩이나 침체된 건설 경기에 이러한 규제는 불난 집에 부채질하는 격이라는 것이다. 팽팽한 토론이 이어지고, 갑론을박 끝에 양측 모두 수용가능한 타협안이 만들어졌다. 시험 시공을 좀 더 해보면서 투수블록의 사용 여부를 판단하자는 것이었다. 그 후 시험시공은 몇 번이고 계속되었다. 하지만 결과는 크게 다르지 않았다. 투수블록의 공극이 대부분 막혀 투수라는 기본적인 기능을 잃어버리기 일쑤였던 것이다.

2010년 겨울, 새로운 보도블록을 개발하고 있다는 제조업체 대표이사가 서울시청 사무실로 찾아왔다. 그는 본인이 개발한 투수블록 동영상을 보여주었다. 블록에 흙탕물을 쏟아부어도 막힘 없이 제 기능을 하는 것처럼 보였다. 그는 10년이 지나도 막히지 않는 투수블록을 만들고 있다면서 직접 생산한 투수블록 샘플도 함께 보여주었다. 조금은 어설퍼 보이는 샘플과 자료였으나 제품 개발업체 대표의 눈과 말에는 강한 자신감과 선의가 엿보였다. 필자는 이 사건으로 투수블록의 성능 향상 가능성을 확인했다. 그리고 어딘가에서 또 다른 누군가가 이 분야의 연구개발을 위해 애쓰고

사진 07
현장 투수시험

있을 것이라는 예감이 들었다.

개인적인 생각이지만, 10년이 아니라 5년 만이라도 투수 성능이 지속될 수 있다면 충분히 시도해 볼 만하다고 판단하고 있다. 그런데, 그 투수 성능이라는 것이 5년이 갈지 10년이 갈지 어떻게 예측하고 판단할 수 있단 말인가? 사람으로 비유하자면 갓 태어난 신생아의 수명을 예측하는 것과 비슷하다고 할 수 있겠다.

하지만 전혀 불가능한 건 아니었다. 도로라는 환경에서 외부 오염물을 표준화시키고 공극의 막힘을 유발하는 조건을 반영한 시험방법을 개발한다면, 이전보다 업그레이드된 투수성 성능 평가방법을 만들 수 있다고 판단했다. 실현까지는 3년이라는 시간이 소요되었다. '투수 성능 지속성 검증 시험 장비'는 그렇게 개발되었고, 서울시는 곧바로 정책을 시행하여 새로운 시험장비를 기준으로 초기 투수 성능이 최소 5년 이상 지속되는 제품의 사용을 의무화하였다.

시험장비 개발은 블록 포장 문화 증진을 위해 매우 의미 있는 한걸음이

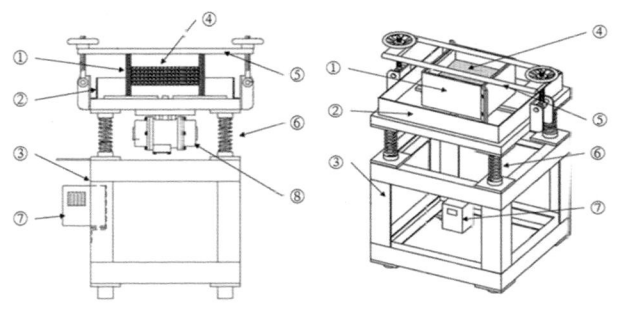

그림 05
투수 성능지속성
시험장비 도면

① 거푸기
② 물막이판
③ 몸체
④ 시료
⑤ 거푸기 고정대
⑥ 스프링
⑦ 제어기
⑧ 진동발생기

었다. 그 과정을 일일이 기록하지는 못한 대신 장비에 고려된 사항들을 알 수 있도록 장비 구성에 대해 간략히 남겨둔다. 개발된 시험장비는 오염물 및 물을 투입하여 투수프장체의 공극이 막힐 수 있는 환경을 모사하였다. 시험에 사용되는 오염물은 실제 도로에서 발생되는 오염물의 양 및 크기를 최대한 표준화하여 대체 오염물을 개발, 적용하였다. 실제 도로를 주행하는 차량에서 발생되는 진동을 모사하기 위해 진동모터를 설치하였으며, 한 방향으로 오염물이 쏠든 투수포장재의 불균일한 공극 막힘 현상을 방지하기 위해 서로 다른 방향으로 두 개의 진동모터를 설치하였다. 또한, 투수포장재를 수밀섭 있게 고정하기 위해 거푸기를 설치하였다. 투수평가시험 장비는 몸체, 테이블, 고정틀로 구성되어있으며, 차량 진동을 모사할 수 있는 진동모터의 제어간격은 0~120Hz로 진동수는 0.1Hz 단위로 조정이 가능하다. 몸체와 테이블은 스프링으로 연결하여 테이블에서 발생하는 진동이 몸체에 전달되지 않도록 하였다. 투수포장재를 장착할 수 있는 거푸기의 크기는 200×200×150㎜, 200×100×150㎜ 등으로 현재 시판되고 있는 투

사진 08
투수 성능지속성
시험장비(좌),
거푸기(우상),
진동발생기(우하)

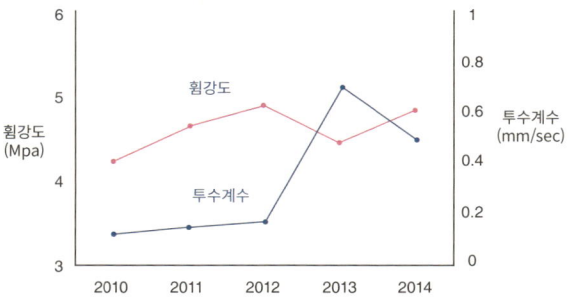

그림 06 제도시행에 따른 휨강도·투수계수 추이 변화

표 02 투수 성능지속성 검증시험 기준 (서울시, 2012)

구분	1등급	2등급	3등급	4등급	등급 외
투수계수 (mm/sec)	1.0 이상	0.5 이상 1.0 미만	0.1 이상 0.5 미만	0.05 이상 0.1 미만	0.05 미만

※ 투수·배수성 포장의 초기 투수계수 기준(KS) : 0.1mm/sec 이상

수블록을 시험할 수 있다. 거푸기를 구성하는 내부 철판에는 스펀지가 부착되어 있어 시료 고정 시 거푸기와 시료 사이에 틈이 생기지 않도록 했다. 고정틀은 거푸기를 테이블 위에 설치하고 진동 발생 시 고정할 수 있도록 한 것으로 너트를 달아 조일 수 있게 하였다. 테이블 바닥에는 작은 구멍이 하나 있어 시험 시 배수가 가능하며, 장비의 밑에는 바퀴를 달아 이동이 쉽게 했다.

제도 시행으로 투수블록의 초기 투수지수가 정책 시행 전년도보다 6배 이상 향상되는 효과를 덜 수 있었다. 투수 등급을 세분화하여 3등급 이상인 제품만을 사용하도록 했기 때문이다. 이 세상에 완벽한 제도와 정책은 없다. 다만 전보다 조금 더 나아질 수 있고, 그만큼 문제를 줄일 수 있을 뿐이다. 서울시 기준을 통과한 제품에서도 일부 동극 막힘 현상이 발생되고 있다. 정책의 진화와 제품의 업그레이드가 동시에 요구되고 있다. 다른 한편으론 투수기능을 잃은 블록들에 대해서는 고압살수 및 흡입 방식으로 청소하여 투수 성능을 회복시키는 방법을 고민할 대이기도 하다.

NOTE
03 콘크리트 내부의 수분이 '얼었다 녹았다'를 반복하면서 콘크리트의 역학적 성질이 열화되는 현상
04 전체 개발면적 중 생태적 기능 및 자연순환기능이 있는 토양 면적이 차지하는 비율로서 개발공간의 생태적 기능 지표로 활용

투수블록의 종류

일반적으로 우리나라에서 주로 사용되는 투수블록은 두 종류가 있다. 블록 자체의 표면 및 내부에 미세 공극(구멍)이 있어 투수성을 갖는 '자체투수블록'과 줄눈 틈새에 의해 투수성을 갖는 '틈새투수블록'이 그것이다. 우리나라를 비롯한 일본, 중국 등 아시아 국가에서는 자체투수블록을 선호하고 있으며, 유럽과 미국 등에서는 틈새투수블록을 주로 사용하고 있다. 서울시에서도 잦은 공극 막힘 문제의 대안으로 틈새투수블록 포장을 몇 차례 시도하였으나, 넓은 틈새로 인한 하이힐 빠짐 현상과 내구성(맞물림) 저하 등으로 제대로 빛도 보지 못한 채 대부분이 시장에서 사라졌다. 최근에는 이를 대신하여 블록 일부분에 특수한 부재를 삽입함으로써 하이힐이 끼는 문제도 줄이고 막혔을 경우 간단한 공구를 이용한 청소로 원상복구할 수 있는 '삽입부재투수블록'이 개발되었다. 또한, 블록 표면에 유입구멍을 만들어 투수기능을 확보함과 동시에 블록 내부에 빗물 저류공간을 형성하고 있는 집수 저류형 투수블록 등 특수한 형태의 투수블록이 지속적으로 등장하고 있어 흥미를 더하고 있다.

투수블록의 공극이 막혔을 경우에 대한 반응이 국가마다 다른 점도 흥

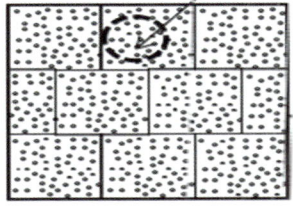 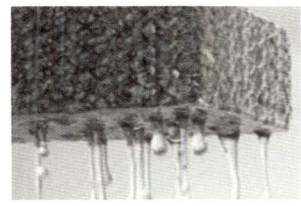

그림 07 자체투수블록

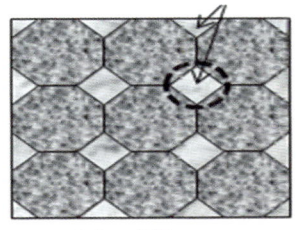 

그림 08 틈새투수블록

 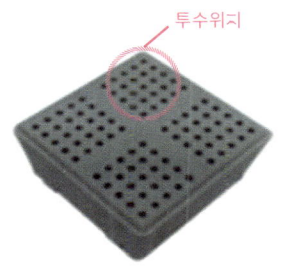

그림 09 삽입부재 투수블록   그림 10 집수 저류형 투수블록

미롭다. 앞서 언급했듯이 서울시 경우에는 투수 성능지속성 검증시험을 통해 투수 성능이 비교적 우수하여 덜 막힐 것으로 예상되는 제품을 선별하여 사용하고 있으며, 우리나라 환경부에서는 생태면적률 적용지침(2016.7)에 따라 투수계수 성능별 생태면적률 가중치를 차등적으로 부여하는 등 서울시 기준을 일부 준용하고 있다. 하지만, 막힘이 발생된 후 공극을 확보하기 위한 유지보수 관련 제도적 장치는 따로 마련되어 있지 않다.

일본은 자체투수블록을 선호하고 있다는 점에서 우리나라와 비슷하지만, 투수블록의 최소 투수기준만 통과하면 현장에 설치하는데 아무런 문제가 되지 않으며, 시간이 지난 후 공극이 막히는 현상을 자연스러운 것으로 받아들이고 있다고 한다. 원인이 뭘까? 일본 사람이 우리나라 사람보다 게을러서일까? 아니면 공직자의 책임감이 덜한 걸까? 미루어 짐작하면, 일본의 청결함에서 그 이유를 찾을 수 있을 것 같다. 일본은 다른 무엇도 그렇지만 도로 환경이 매우 깨끗하다. 투수블록의 공극을 막는 오염물이 많지 않다. 결국, 투수블록의 성능이 오래 지속될 수 있는 가장 기본적인 원인으로 국민들의 소양과 시민의식을 떠올리는 것도 무리는 아닐 것이다.

독일, 영국 등을 비롯한 유럽과 미국에서는 투수블록에 대한 연구개발이 매우 활발하다. 이들 나라들은 우리나라와 달리 오래 전부터 틈새투수블록 방식을 도입하였으며 확대 적용하고 있다. 수년 전 영국과 독일 방문 시 하이힐 빠짐에 대한 문제를 어떻게 해결하느냐는 질문을 던져 보았다. 답변은 아주 짤막했다. 환경문제가 더 심각하고 중요하기 때문에 하이힐을 고려하지 않는다는 것이다. 하이힐은 안 신으면 그만이지만, 환경이 나빠지는 건 지켜보고 있을 수 없다는 것이다. 틈새투수블록의 틈새가 오염물에

사진 09
틈새투수블록
공극확보 장비

의해 막히는 현상(Clogging)은 고압살수 및 흡입 장비를 이용하여 틈새를 청소한 후 양질의 틈새재료를 다시 채워 넣는 방법을 사용하고 있다. 환경에 대한 그들의 관심과 애정은 점점 더 커져가고 있으며, 그에 따라 연관 산업도 계속 발전하고 있다.

투수 성능 회복

정부, 지방자치단체 및 공공기관에서 법(조례), 지침 등의 규제 효과로 연간 투수블록의 사용량이 지속적으로 증가하고 있다. 2016년부터는 시장점유율(관급자재 매출액 기준) 항목에서 투수블록이 불투수블록을 앞지르기 시작하였다. 서울시의 경우, '서울특별시 물순환 회복 및 저영향개발 기본조례'가 시행되어 시설물 종류에 따라 단계적으로 빗물유출저감시설의 적용이 의무화 되었다. 2015년부터는 보도, 공원, 광장 구간에, 2017년부터 8m 이하 도로(차도)에 빗물의 유출 저감을 위한 빗물관리시설을 의무적으로 적용해야한다는 내용이 포함되었다. 여기서 빗물관리시설은 "빗물침투시설"[05]과 "빗물저류시설"[06]로 구분되며 빗물의 표면유출을 억제하여 도시화로 악화된 자연 물순환 회복과 물환경 보전을 목표로 한다. 빗물침투시설의 대표 사례는 투수블록이며, 빗물저류시설에는 침투통, 침투트렌치, 빗물저류조 등이 있다. 이 중에서 가장 경제적이고 쉽게 설치할 수 있는 시설물이 투수블록이라고 할 수 있다.

서울시에서는 위 조례의 시행과 더불어 "건강한 물순환 도시 조성 종합계획(2013. 10)"을 발표하며 차도, 보도, 주차장 등에 투수포장을 확대 시

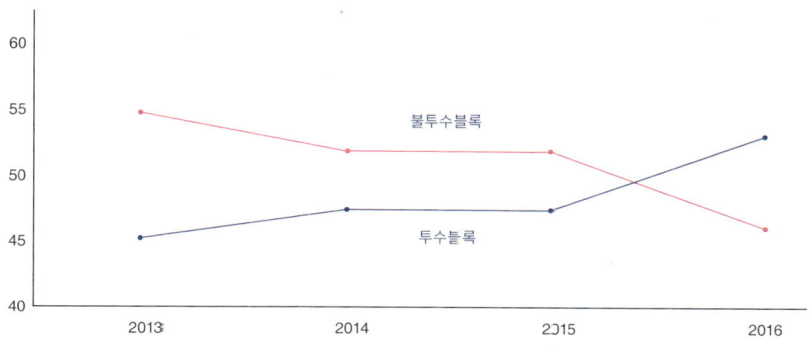

그림 11 투수/불투수블록 시장 점유율(매출액 기준)

공할 것임을 선언하였다.

정부차원에서는 도시의 오염저감, 기후변화에 적응하고 생물 다양성 증진 등 도시의 생태적 건전성 향상 및 쾌적한 생활환경 조성을 위해 생태면적률 제도를 도입하고 있다.[07] 최근 개정된 지침이 의하면 투수포장의 투수능력 등급(1 또는 2등급)에 따라 가중치를 차등적(0.3 또는 0.4)으로 주어, 투수 성능이 좋은 제품에 더 높은 가중치를 부여하고 있다.

이렇듯, 다양한 규제 속에서 투수블록의 활용범위가 넓어지고 있지만, 현장 적용에 있어서는 여전히 곤란한 점들이 발생하고 있다. 그 중에서도 이미 포장된 투수블록의 막힘현상(Clogging)에 대한 해결 노력이 거의 없다는 것이 가장 큰 문제점이다. 2010년에 필자는 현장에 설치되어 있는 투수블록 포장을 대상으로 흥미로운 실험을 진행하였다. 실험 대상은 시공된 지 약 2년 정도 지난 보도블록 현장이었고, 실험 내용은 고압 살수기를 이용하여 공극 막힘 현상을 얼마나 개선할 수 있는지에 대한 효과를 검토하

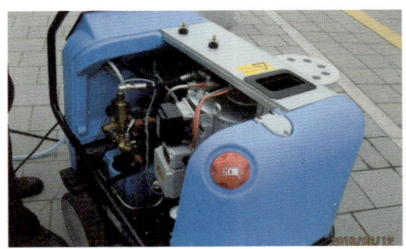
사진 10 고압 살수장비

사진 11 고압 살수 장비 시연

사진 12 현장 투수시험(좌- 청소 전, 우- 청소 후)

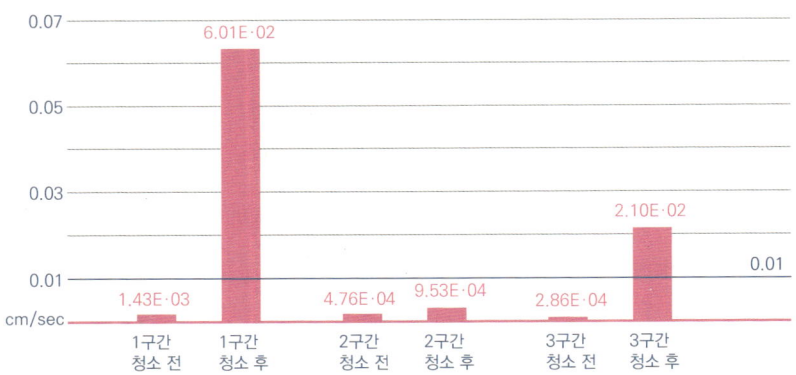

그림 12 청소 전·후에 따른 투수계수 변화

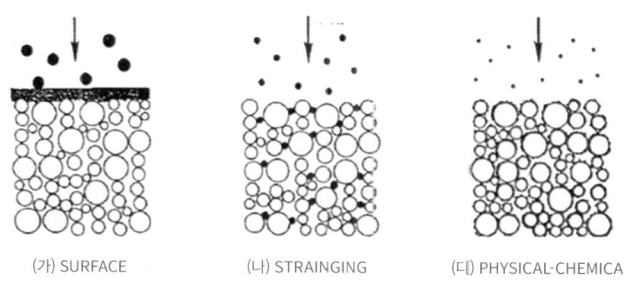

(가) SURFACE　　　(나) STRAINING　　　(다) PHYSICAL-CHEMICAL

그림 13 3가지 종류의 필터 메커니즘(McDowell-Boyer et al., 1986)

는 것이었다.

　살수 전·후 투수블록의 투수성 변화를 비교분석하기 위해 우선 고압 살수 전의 투수블록 성능을 측정하였다. 선택 구간은 육안으로 보았을 때 오염상태가 심하다고 판단되는 블록 3개를 선정하였다. 청소 전 모든 구간의 블록은 예상대로 불투수 성질을 보였다. 살수 장비로 청소를 한 후 재실험을 실시하자 두 개소(1, 3구간)에서는 투수 성능이 월등히 향상되었으나 나머지 한 개소(2구간)는 투수 성능이 거의 나아지지 않는 것을 확인하였다.

　투수 성능이 회복되지 않은 2구간의 경우는 블록 내부 깊은 곳에서부터 막혔기 때문에 고압살수 효과가 미치지 못한 것으로 짐작된다. 문헌에 따르면 공극막힘을 유발하는 입자(particles)의 이동특성을 파악하기 위해, 공극막힘을 유발하는 입자의 크기(D_p)와 다공성 매체(porous media)의 골재(aggregates) 크기(D_m)를 분석한 결과, '10 〉 D_m/D_p' 인 경우, 그림 13의 (가)와 같이 입자크기(D_p)가 커서 다공성 매체의 표면에서 막히고, '10 < Dm/Dp < 20' 인 경우, (나)와 같이 입자크기(Dp)가 비교적 작아, 다공성 매체 표면을 통과하여 내부에서 막힘을 유발하게 된다고 한다(McDowell-Boyer et al., 1986).

고압 살수장비로 특정 지점의 공극막힘을 해결할 수 있다고 해도 범위를 넓혔을 경우 분명 한계가 있다. 살수로 인해 물과 함께 흘러나오는 슬러지는 경사가 낮은 곳으로 이동하면서 다른 블록의 표면을 오염시킨다. 이를 해결하기 위해 흡입 기능이 추가적으로 요구되는 것이다. 물과 공기를 고압으로 분사한 후에 그 오염물질이 섞인 유체를 즉석에서 흡입하여 제거하는 방법이 대안이 될 수 있을 것이다. 필요한 각종 기능을 탑재할 수 있는 장비의 개발, 다양한 환경에서의 장비 효과 검증 등 풀어야 할 숙제가 적지 않다.

NOTE
05 「자연재해대책법 시행령」 제16조 제2항 제1호에 따라 빗물을 지표면 아래로 침투시키기 위하여 설치된 시설
06 「자연재해대책법 시행령」 제16조 제2항 제2호에 따라 빗물을 저류(貯留) 또는 방류(放流)하기 위하여 설치된 시설
07 환경부(2016.7), 생태면적율 적용지침

투수블록 건강수칙

100세 수명 시대를 살아가는 사람들에게 운동과 식습관이 중요하다는 사실은 누구나 알고 있는 상식이다. 암을 예방하고 심혈관 질환을 잘 다스린다면 100세를 사는 일이 그리 어려운 일만은 아닐 것이다. 혈관이 막히면 심근경색, 중풍 등 매우 위험한 결과가 초래될 수 있지만, 현대의학의 발전으로 혈관질환 증상이 발생했더라도 골든타임을 놓치지 않는다면 일상생활로 복귀할 수 있는 가능성이 높아졌다. 하지만 가장 좋은 대처는 평상시 혈관을 건강하게 관리하는 습관일 것이다.

블록 얘기를 하다가 갑자기 혈관 얘기를 꺼낸 이유는 투수블록의 공극을 사람의 혈관에 빗대어 생각해 볼 수 있기 때문이다. 다음 페이지의 표는 인체의 혈관과 투수블록의 공극을 예방법과 치료법으로 나누어 간단하게 설명한 것이다. 혈관과 공극은 좋지 않은 습관과 환경으로 인해 막히게 된다는 공통점이 있다. 사람과 콘크리트 덩어리의 치료법이 같을 수는 없겠지만, 발병 후 치료시기에서도 공통점이 있다. 둘 다 '가급적 빨리' 치료하는 게 좋다는 것이다.

표 03 혈관과 공극의 예방법과 치료법

구분	혈관 (사람)	공극(투수블록)
예방법	운동, 건강 식습관	깨끗한 환경
치료법	스탠드 시술 등	고압살수/ 흡입
치료시기	발견즉시	

투수블록 공극막힘 예방 건강수칙을 알아보자. 치료법인 '고압 살수 및 흡입'은 아직 개발 과정에 있으므로 논의를 미루고, 여기서는 예방법에 대해 사례와 함께 소개하고자 한다.

사진 13은 2012년 8월에 진행했던 투수블록 포장 시험시공 장면이다. 구로구 오류동길의 보도구간에서 진행되었으며, 필자가 직접 감독했던 현장이다. 시공이 무사히 끝나고 1주일 만에 장마가 시작되었다. 투수포장의 효과를 인공강우가 아닌 자연강우로 확인할 수 있는 좋은 기회가 온 것이다. 기대와 달리 장맛비는 참담한 결과를 가져온 재앙의 비가 되었다. 인근 비탈면에 있던 토사가 빗물과 함께 쓸려 내려와 투수블록 포장을 뒤 덮은 것이다. 투수블록의 공극이 모두 막혀버렸다. 고민 끝에 오염된 투수블록을 걷어내고 재시공을 강행하였다. 비탈면에 흙이 내려오지 못하도록 자연석 쌓기 공사도 함께 진행하였다. 공사 후 장맛비가 다시 쏟아졌다. 하지만, 자연석 쌓기에 사용된 돌 틈사이로 토사가 다시 쏟아져 나와 현장을 덮쳤다. 두 번의 재시공은 불가능했다. 물차를 동원하여 오염된 블록의 표면을 살수하여 청소작업을 시행하였다.

사진 13
비탈면 관리 소홀로
투수블록 공극막힘 발생

사진 14
토사로 오염된 투수블록
물청소

4.1.3 공극 막힘 최소화

(1) 공사차량 또는 공사장에서 발생되는 흙 등의 이물질이 현장에 침범하지 않도록 조치한다.
(2) 가로변 조경(띠녹지, 가로수 등) 공사 시 토사 등이 투수블록 포장 공사장으로 유입되지 않도록 조치해야 한다. 이때 가급적 조경공사를 선행 후 블록포장공사를 진행하도록 하여 토사유입을 방지해야 하며, 불가피할 경우에는 블록포장구간에 비닐 등을 설치한 후 조경공사를 시행한다.
(3) 투수블록 포장 구간에 인접하여 비탈면이 있을 경우, 강우로 인한 비탈면 토사유입 방지를 위한 비탈면 보강 또는 토사유실 방지공을 시행해야 한다.
(4) (2) 또는 (3)항을 이행하지 않아 투수블록 포장의 공극이 막혔을 경우에는 해당구간을 전면 재시공(신재 사용)하여야 한다.
(5) 현장자재(블록, 경계석 등) 절단 가공시 발생하는 먼지, 오수의 회수가 가능하도록 집진시설 및 수질오염방지시설을 설치·운영하여야 한다.

그림 14 투수블록 시공시 유의사항(공극막힘 최소화 방안)

사진 15 가로변 띠녹지로 인한 투수블록 공극막힘

이 경험은 시공 기준을 만드는데 큰 도움을 주었다. 투수블록 시공시 유의사항(공극막힘 최소화 방안)은 이렇게 탄생하였다.

사진 15는 띠녹지와 관련하여 볼 수 있는 공극 막힘 사례들이다. 왼쪽은 띠녹지가 보도보다 높은 상태이며, 비가 내리면서 띠녹지의 토사가 보도쪽으로 유출되어 투수블록의 공극을 막은 사례다. 오른쪽은 띠녹지 조성 작업 과정에서 보도블록 위를 작업공간으로 활용하면서 생긴 공극 막힘 흔적이다. 투수블록은 시민과 도시를 위한 특별한 선택이므로 시공시 유의사항을 반드시 인지하고 현장 상황의 특수성을 꼼꼼히 체크하는 '기본'을 반드시 지켜야 한다.

차도 투수블록

그동안의 경험으로 볼 때, 도로 포장 시험시공은 최소 3박자가 맞아야 순조롭게 진행 될 수 있다. 설계·공사 예산 확보, 발주처의 협조, 그리고 추적조사(사후 검증) 시스템이다.

어느 과정 하나 쉬운 건 없다. 그러나 모든 과정에서 가장 필요한 것은 '관심'이다. 좋은 말로 '관심'이지 현실적으로는 '감시'에 가깝다. '관심'과 '감시'를 구분하는 기준은 당사자의 입장 차이에서 비롯된다. 발주처의 입장에서 시험시공은 교과서(표준시방서)에 없는 재료나 공법을 현장에 적용한 후, 기대했던 효과가 실제 있는지를 확인하기 위한 목적을 위함이다. 그야말로 발주처의 '관심'과 의지가 없으면 시행이 쉽지 않다. 반면 좋은 기술을 가진(또는 좋은 기술이라고 주장하는) 업체의 입장은 발주처와 사뭇 다르다. 어떤 기술이든지 과거에 없던 새로운 기술을 선뜻 도입하는 발주처는 흔치 않다. 새로운 기술을 처음 접하는 발주처는 약속이나 한 듯 비슷한 요구를 하기 마련이다.

"다른 현장에서 사용해 본 적 있나요?", "결과는 어땠나요?", "문제가 없다는 보장있나요?" 실패로 인한 책임을 피하기 위한 방어본능이 작용하기 시작한다. 그러다 보니 업체에서는 어떻게든 시험시공이라도 해서 실적을 쌓고 싶어 한다. 이렇게 시작된 시험시공에서의 발주처(공사감독) 역할은 매우 중요하다. 일반적인 재료나 표준화된 공법이 아니기 때문에 업체에서 제시한 재료와 공법대로 시공을 하는지 공정을 면밀히 지켜봐야 한다. '감시'자 역할을 소홀히 하는 순간 엉뚱한 기술이 좋은 기술로 둔갑될 수 있다.

대부분의 시험시공은 '관심'과 '감시'가 공존한다. 필자의 경우, 새로운 기술과 재료가 현장에서 어떻게 적용되는지 궁금하다보니 현장을 자주 방문하는데, 이를 사업 참여 업체들은 '감시'로 느낄 수도 있다. '감시'는 감독이 없는 기회를 이용한 졸속 시공을 예방하기 위한 목적이기도 하지만, 잘못 들어온 재료가 그대로 시공되었을 때 벌어질 조치(재시공)를 최소화하기 위한 배려이기도 하다.

차도에 적용된 최초의 투수블록 시험시공의 경우는 투수블록 필요성에 대한 찬반이 나뉜 상태에서 진행되었다. 투수블록의 사용을 반대하는 입장은 공극이 쉽게 막히기 때문에 설치해 봐야 투수기능이 지속되지 못하고, 투수블록을 통해 땅 밑으로 침투된 빗물이 지반을 연약하게 만든다는 이유다. 이 두 가지 논리를 가만히 들여다보면 이율배반의 관계에 있음을 알 수 있다. 공극이 막히는 것과 빗물이 공극을 통해 땅 속으로 침투되어 지반을 약하게 만드는 상황은 동시에 발생될 수 없기 때문이다. 그러나 아직 투수블록에 대한 공감대가 부족하고 반대 의견(특히 공무원)이 적지 않기에 논리적으로 검증하기보다는 시간을 두고 설명하는 방법을 찾아야 했다. 환경문제가 아무리 중요하고 급하기로서니 바늘허리에 실을 매어 쓸 수는 없지 않은가.

갈등 해결법은 크게 두 가지다. 하나는 왜곡된 물순환 문제를 방관한 채 투수블록의 문제점과 불필요함을 주장하는 소극적 방법, 다른 하나는 투수블록의 사용상 한계점과 우려사항을 직접 확인하고 개선해 나가는 방법이다. 누가 보더라도 후자가 바람직하다고 생각할 것이다. 하지만 현실은 그리 녹록지 않다. 부정하는 입장에서는 계속 단점만을 들추어 비난하려 하고, 옹호론자들은 환경문제 해결을 위해 꼭 필요하니 무조건 써야한다는 주장만 펼치고 있다.

지금까지 투수블록 공방은 주로 보도 공간에서 논의되어 왔다. 만약 투수블록 사용 범위를 차도로 확장한다고 하면 양측은 어떤 반응을 보일까? 필자는 20년 전 대학교 재학시절 도로공학이라는 수업을 들었는데, 아직도 기억나는 내용 중 하나가 '배수처리'의 방법이다. 도로를 설계함에 있어 빗물의 배수가 도로의 기능을 좌우할 만큼 매우 중요한 요소라고 배웠다. 배수가 나쁘면 빗물이 노면에 정체되어 교통에 장애를 주고, 도로 하부의 함수량을 높여 지지력을 약화시킨다는 논리였다. 이런 이유로 차가 다니는 도로는 불투수 포장이 상식이 되었고, 빗물이 고이지 않고 측면으로 흐르도록 일정한 경사가 필수적이며, 측면에 모인 빗물을 처리하는 배수시설이 필요하게 된 것이다.

도로 포장의 기본은 방수, 즉 물을 가급적 빨리 도로 밖으로 유출시키는 것이다. 도로 포장의 1차적 기능은 안전하고 쾌적하게 차량을 이동시키는 것이다. 친환경이 안전보다 우선일 수는 없다.[38] 안전을 등한시한 채 환경만을 고려할 수 없듯이, 투수성 블록을 아무 곳에 설치하는 것은 매우 위험한 발상이다. 하지만 도시환경을 위한 도로의 투수 문제 역시 더는 미루기만 할 수 있는 성질의 것이 아니다. 필자는 주변 사람들의 만류에도 불구하고 차도에 투수블록을 적용할 수 있는 방안을 모색하기 시작했다. 많은 버스와 트럭이 고속으로 통행하는 간선도로는 작은 요인 하나가 대형사고로 이어질 수 있는 공간이다. 그래서 생각해 낸 것이 생활도로이다. 생활도로는 승용차 위주의 소형 차량이 주로 통행하는 공간이며, 비교적 저속으로 통행하는 구간이기에 투수블록을 시험하기에 최적의 장소라 할 수 있다. 게다가 서울시 전체 도로연장 중에서 생활도로(폭 12m 미만)의 비율이 77.3%[09]이니 성공할 경우 물순환 측면에서 큰 기대가 예상되는 곳이기도 하다.

결국, 2016년 9월 송파구 가락동의 어느 생활도로 약 200m 구간에 투수블록 포장을 설치하였다. 이 사업은 예산을 마련하는데 1년, 대상지를 선정하는데 6개월, 설계기간 3개월, 시공기간 2개월 등 공사규모에 비해 비상식적으로 긴 기간이 소요되었다. 대한민국 공무원 조직 중 '우리부서는 예산이 충분합니다. 내년에는 좀 줄여주세요'라고 요청하는 부서는 없다. 상황이 이러한데, 많은 사람들이 반대하는 사업에 예산을 달라고 하니 쉽게 내어 줄 리 없다. 설득 시간으로만 1년을 보냈다. 그리고 예산만 확보되면 일은 일사천리로 진행될 줄 알았다. 평소 친분이 있었던 자치구 직원들에게 일일이 전화를 걸어, 사업비를 몽땅 제공할 테니 적합한 대상지를 제공해 달라고 요청했다. 단 한 곳에서도 답변이 오지 않았다. 급한 마음에 자치구 몇 곳을 직접 찾아가 부탁을 했다. 답변은 달라지지 않았다. '도로에 물이 들어가면 큰일 난다', '문제가 생기면 누가 책임지나'.

지속적인 설득 끝에 송파구청에서 반가운 소식이 들려 왔다. 곧이어 실

사진 16
차도 투수블록 포장
시공 전

사진 17
차도 투수블록 포장
시공 후

시설계[10]가 시작되었다. 200m 구간 내에 서로 다른 8개의 단면으로 구성된 복잡한 설계도면이 3개월만에 완성되었다. 설계가 쉬우면 공사는 쉬울 수도 있고 어려울 수도 있다. 만약 설계가 어려우견 공사의 난이도는 어떨까? 이번 경우만 보면 설계가 복잡할 경우 시공은 99% 어렵다. 시험시공 성격상 현장 기술자에게 생소한 재료와 공법을 적용해야 했기 때문에 적지 않은 시행착오를 겪어야 했다. 공사기간은 당연히 길어졌다. 다행스러웠던 건, 우회할 수 있는 대체도로가 멀지 않은 곳에 있고, 도로 양 옆에 인접한 상가나 주택이 없었기에 2개월 동안 차량을 막고 공사를 진행할 수 있었

사진 18 투수블록 포장의 투수 기층(흙시멘트 포장에 천공)

다.(보통 이 정도 규모의 도로를 포장하는 데 소요되는 공사기간은 길어야 하루다.)

차도 투수블록 포장 시험시공에서 가장 핵심이 되는 부분은 기층이다. 차량 하중을 잘 지탱하는 튼튼함과 빗물이 잘 스며드는 투수기능을 겸비해야하기 때문이다. 일반적으로 지지력(튼튼함)과 투수는 반비례 관계에 있다[11]. 고민 끝에 투수포장의 지지력을 강화시키기 위해 투수블록 하부에 흙시멘트(soil cement)[12] 기층을 설치했다. 본래 흙시멘트 포장은 불투수 성질을 띠기 때문에 투수블록에서 침투된 물을 하부 지반(땅속)으로 내려 보낼 수 없다. 이를 해결하기 위해 흙시멘트 층을 포설한 후 일정 간격으로 구멍을 뚫어 물길을 만들어 주었다. 두 마리 토끼를 모두 잡기 위한 대안이었다. 시공 효율성이 떨어지는 것만 제외하고는 성공적인 시도였다. 1년 6개월이 지난 지금까지도 침하가 거의 발생하지 않고 있다. 포장의 지지력을 측정하는 장비로 테스트한 결과에서도 매우 양호한 수치를 보여 주고 있다.

차도 투수블록 포장 시험시공에서 다음으로 중요한 것이 투수 성능의 지속효과이다. 시공을 위해 현장에 반입된 차도용 투수블록을 무작위로 채취하여 투수계수를 측정하였다. 1.79㎜/s가 나왔다. KS에서 요구하는 수준(0.1㎜/s)의 18배에 해당되는 수치였다. 시공이 끝나고 6개월 후 동일한 시험을 진행하였다. 이미 시공되어 있는 투스블록을 꺼내는 작업이 필요했다. 현장에서 손쉽게 시행하는 현장투수시험이 있긴 했지만 정확도가 떨어져 사용할 수 없었다. 꽉 맞물려 있는 시료를 교란되지 않게 추출하는 작업을 수행하였다. 블록 추출시간은 블록을 포설하는데 걸리는 시간의 100배 이상을 필요로 했으며, 적지 않은 땀방울을 흘린 고된 작업이었다. 결과가 나오기까지 걱정이 이만저만 아니었다. 하루 평균 약 2,000대의 자동차가 통행하는 곳이었으며, 도로 양쪽으로는 가로수가 많아 낙엽 부스러기로 인한 공극막힘이 예상되는 곳이었기 때문이다. 더 큰 두려움도 있었다. 종족 번식 본능에 충실한 은행나무 때문인데, 투수블록 표면을 가득 매운 은행나무 열매의 흔적은 공포 그 자체였다.

결과가 나왔다. 우려할 만한 수준은 아니었지만, 그렇다고 안심할 수 있는 수치도 아니었다. 최초 투수계수보다 43% 줄어든 1.02㎜/s를 기록했다. 적지 않은 공극이 오염물에 의해 막히긴 했지만, KS 기준을 10배 이상 넘는 수치였다. 다시 6개월이 지난 1년 후, 동일한 방법으로 시험이 진행되었다. 결과는 0.89㎜/s로 6개월 전보다 13%가 줄었지만, 투수계수의 하강폭도 완만해졌다.

시공한 지 1년 6개월이 경과한 2018년 4월의 시험 결과는 1.02mm/s. 1년 전까지 완만한 하강 곡선을 그리던 투수계수가 소폭 상승하였다. 공장 생산 시 발생할 수 있는 블록별 성능 차이와 시험방법에서 발생할 수 있는 오차 수준으로 가정한다면 투수 성능이 더 이상 떨어지지 않고 있다고 볼

사진 19
시공되어 있는
차도용 투수블록
추출작업

수 있다. 반가운 소식이었다. 이 추세가 이후에도 비슷하게 진행된다면 투수블록 무용론자들을 설득할 수 있는 좋은 자료가 될 것이다.

　이번 시험시공 목적은 과연 차도에 투수포장을 설치하는 것이 현실적으로 가능한지를 증명하고, 투수 성능이 어느 정도 유지되는지를 평가하는 것이다. 표면에 설치된 블록만 투수가 된다고 해서 투수포장의 자격을 갖춘 건 아니다. 표면만 투수가 되는, 목적이 전혀 다른 포장도 있기 때문이다. 고속도로를 운전하다가 어느 순간 소음이 갑자기 줄었다는 느낌을 받은 적이 있을 것이다. 자동차 타이어와 포장 표면의 마찰소음이 줄어드는 현상인데, 저소음(배수성) 아스팔트라는 특수 포장이 그 역할을 한 것이다. 고속도로 주변에 있는 아파트 단지로 소음이 전달되는 것을 줄이기 위해 거대한 방음벽을 설치하는 경우가 많은데, 비용이 너무 비싸기 때문에 보다 경제성이 있는 저소음 아스팔트 포장을 설치하여 소음 감소 효과를 거두게 된다. 그 밖에도 비오는 날 난반사를 줄여주고, 수막현상이 생기지 않아 안전운전에도 도움이 된다. 저소음 아스팔트 포장은 표면층 5㎝만 시공을 하고 그 밑으로는 단단한 불투수성 아스팔트가 포장된다. 큰 트럭에도 견딜 수 있어야 하기 때문이다. 결국 비가 오면 표면으로부터 5㎝까지는 투수가 되고, 빗돌은 표층 하부에서 배수구로 흘러 들어간다. 땅속 깊은 곳까지 빗물을 보내야 하는 투수포장 입장에서는 짝퉁 투수포장이라고 할 수 있다.

보도블록의 정밀 시공이 어려운 이유는 이를 시공하는 기능공의 마음가짐에서 비롯된다. 자신의 작품이라는 장인정신이 없기에 정성과 혼이 들어간 결과물이 나오지 않는 것이다. 자기의 것 또는 자신이 시공했다는 흔적이 남지 않기 때문이다. 투수블록 시공현장을 관리하는 공무원의 자세도 이와 다르지 않다. 본인이 관리해야 하는 시설물이라는 인식은 갖고 있는데, 그 책임 범위가 단순한 관리 차원이라는 데 문제가 있다. 파손에 대한 관리책임은 인정하지만 투수 성능이 어떻게 되는지는 궁금해 하지 않는다. 물론 투수력이 떨어졌다고 하여 구매한 공무원이 책임질 일은 아니다. 그래도 본인이 구매한 제품이라면 어느 정도의 투수력이 있는지 궁금증을 갖도록 하자. 그 궁금증이 해소되는 만큼 투수블록 제조기술은 서서히 발전할 것이다.

NOTE
08 하지만, 친환경도 넓은 의미에서는 기후변화로 인해 병들어가는 지구를 살리자는 것이므로 인류의 안전과 깊은 연관이 있음. 본문에서의 안전은 교통안전으로 한정하여 서술함
09 면적으로는 40.8%. 2015년 12월 31일 현재 통계
10 기본 설계도에 입각하여 공사의 실시와 시공자에 의한 공비의 내역 명세를 작성할 수 있는 필요하고 충분한 설계 도서를 작성하는 설계 업무의 과정.
11 투수블록의 투수계수가 높으면(공극이 많으면) 강도가 약하고 투수계수가 낮으면(공극이 적으면) 강도가 상대적으로 높다는 일반적인 이론과 흡사함.
12 시멘트에 흙과 물을 혼합하여 단단하게 만든 것으로 콘크리트와 같이 강하지는 않으나 지반(地盤)을 다지는 역할을 하며 도로의 지반이나 수로의 내장용으로 사용된다.

친환경 보도블록 **195**

열섬과
차열성 포장

폭염이 기승을 떨치는 한여름 오후. 아스팔트 포장 위에는 아지랑이가 피어오르고 있다. 가까이 다가가 아스팔트를 손으로 만져보거나 맨발로 걸으면 어떻게 될까? 손바닥을 대면 단 몇 초도 견디지 못한 채 손을 뗄 것이며, 맨발로 걷기 시작했다면 갑자기 까치발을 들며 팔짝팔짝 뛰어다니는 우스꽝스런 모습이 될 것이다. 한여름 태양에 의해 뜨거워진 아스팔트는 섭씨 60도를 훌쩍 뛰어 넘는다. 도대체 아스팔트는 왜 이처럼 뜨거운 걸까?

아스팔트는 공장에서 섭씨 200도가 넘는 상태로 생산된다. 운반된 후 도로에 포장될 때도 150도가 넘는 고온상태를 유지해야만 튼튼하고 평탄한 상태로 오래도록 잘 유지된다. 생산온도와 포장온도가 높다고 해서 한여름 아스팔트가 뜨거운 건 아니다. 색깔 때문이다. 원유를 정유하고 남은 타르 성분이 까맣기 때문에 아스팔트도 검은색이다. 따라서 색깔이 어두운 아스팔트는 햇빛을 반사하는 성능이 크게 떨어진다. 반사를 못한다는 얘기는 반대로 열을 쉽게 흡수한다는 의미다. 열을 흡수한 아스팔트는 해가 떨어진 후에는 대기로 복사열을 방출하여 열대야를 일으키는 주범 역할도 하게 된다.

사진 20 아스팔트 포장은 콘크리트 포장에 비해 색상이 어둡기 때문에 태양열을 쉽게 흡수하여 도시의 온도를 더욱 상승시킨다.

도심지 열섬(Heat Island)현상이라는 환경학적 용어가 있다. 도심지 상공에 뜨거운 열이 섬처럼 떠 있으면서 정체되는 현상으로 인해 만들어진 용어다. 아스팔트 포장이나 우리가 살고 있는 콘크리트 건물은 도시의 대기온도를 점점 올라가게 만드는 인공 구조물이다. 이러한 환경요인으로 인하여 도시 주변이나 교외보다 도시 내부의 온도가 약 3~4℃ 가량 더 높아지는데, 이 상태를 도심지 열섬현상이라고 한다.

열섬현상은 전기에너지 과소비에 의한 지구온난화 유발, 대기 오염 및 호흡기 질환 유발 등 다양한 문제점을 야기한다. 특히 도심지 면적의 약 20%가 도로로 구성되어 있는데, 특히 아스팔트 포장은 콘크리트 포장에 비해 색상이 어둡기 때문에 태양열을 쉽게 흡수하여 도시의 온도를 더욱 상승시킨다. UN에서 지정한 21세기 인류가 해결해야 할 4대 과제 중에 기후변화가 포함되어 있다. 그리고 기후변화를 일으키는 요인으로 폭염과 이상고온이 97%를 차지한다고 한다. 이만하면 뜨거운 아스팔트에 대한 논란이 시작될 필요조건이 갖춰졌다고 볼 수 있다.

아지랑이가 피어오르는 환경과 동일한 상태에서 보도블록을 손으로 만져보면, 뜨거운 아스팔트와는 달리 따뜻하다는 느낌을 받게 된다. 왜 그럴까? 결론부터 말하자면, 명도가 높기 때문이다. 즉 색상이 밝다는 얘기다. 명도에 따라 반사성능의 크고 작은 차이가 발생하게 되는 것이다. 쉬운 예로, 어린 시절 돋보기를 이용하여 검정색 색종이를 태우던 생각을 하면 좋을 것이다. 왜 굳이 검정색 종이를 사용했을까? 바로, 열을 잘 흡수하는 성질이 있기 때문이다.

재미있는 실험결과가 있다. 새로 포장된 아스팔트는 검은색에 가깝다. 시간이 지날수록 검은색이던 아스팔트는 회색빛으로 변해간다. 아스팔트의 노화현상인데, 아스팔트포장의 표면이 차량 바퀴에 의해 마모되면서 아스팔트가 감싸고 있던 골재가 밖으로 드러나는 것이다. 색상이 변화하면서 햇빛을 흡수하는 성질도 바뀌게 된다. 새 아스팔트보다 노화된 아스팔트의 온도가 더 낮은 이유이다. 실제 실험을 통해 5℃ 이상 차이가 나는 경우도 목격했다. 반대로 작용하는 포장재도 있다. 시멘트 콘크리트는 아스팔트와 달리 처음에는 회백색에 가깝다. 흰색은 오염되기 쉽다. 장기간 오염에 노출되면 그만큼 명도도 낮아지고, 따라서 포장의 온도 역시 올라가게 되는 것이다.

폭염일수가 해마다 증가됨에 따라 뜨거운 아스팔트에 대한 논란이 반복되고 있다. 일본에서는 이미 오래 전부터 이에 대한 고민을 시작했으며, 차열성[13] 도료를 도로 포장용으로 사용하고 있다. 국내에서 차열성 도료

사진 21
벗겨진 차열성 도로

는 주로 건물 벽체, 옥상 등에 사용되어 왔다. 건축용으로 사용되는 차열성 도료는 내후성[14]이 중요하지만, 도로 포장용 도료는 내후성 외에 차량의 하중에도 잘 견딜 수 있어야 한다. 반복되는 차량 바퀴에 의한 마모가 적어야 하며, 아스팔트와의 강한 부착력도 필요하다. 안전성도 매우 중요하다. 운전자에게 눈부심을 일으키지 않아야 하며, 도료의 특성상 미끄럼에 취약하기 때문에 미끄럼 방지 기능도 추가적으로 필요하다.

서울시에서는 2009년부터 2015년까지 국내 차열 도료 포장 기술을 이용하여 총 3회의 시험시공을 시행하였다. 시공에 참여한 업체 모두 성공할 수 있다는 강한 자신감으로 시작했지만, 모두 실패로 돌아갔다. 5개월도 지나지 않아 대부분 도료가 아스팔트에서 벗겨져 나갔기 때문이다.

이에 필자는 이 분야에서 선도적인 기술을 가진 일본 기술을 벤치마킹 해 보기로 하였다. 재료(차열 도료)는 정식 통관절차를 거쳐 직접 수입하였으며, 시공에 필요한 장비는 일본에서 실제 사용하는 것을 직접 임대하였다. 시공경험이 많은 일본인 기술자까지 데려 와서 시공을 진행하였다. 결

사진 22
차열성 포장
시험시공_
일본 재료와 장비는
물론 일본 기술자들이
직접 시공했다.

과는 성공이었다. 하지만 기쁨은 잠시였다. 상대적으로 열등한 우리나라 기술 수준에 대한 회의감이 찾아왔다. 필자는 곧 차열성 도료의 개발 의지가 있는 국내 도료회사를 찾아 나섰고, 그들과 함께 제품 개발을 시작하였다. 2년여의 연구개발 끝에 시험시공을 시행(2016. 10)하여 개발을 완료하였다. 국내 최초로 차열성 도료를 차도에 적용하여 성능과 내구성을 인정받은 것이다.

성공을 거두었다면 기술 확산이 뒤따르는 게 일반적이다. 기술이 좋은 건 확실한데, 몇 가지 한계점이 있었다. 첫째, 너무 비싸다. 아스팔트 포장은 1제곱미터를 시공하는데 대략 1~2만원의 예산이 소요된다. 차열성 도료는 9~10만원이 필요하다. 환경개선을 위해 5~10배의 예산을 추가적으로 쓰는 게 합리적인가에 대한 논의가 더 필요하다. 둘째, 휴가 기간이 너무 길다. 우리나라 기후에서 1년 중에 폭염이 기승을 부리는 기간은 길어야 두 달 정도이다. 차열성 포장에게 나머지 10개월은 휴가 기간과 다름없다. 누가 보더라도 사용하기 망설여질 수밖에 없다. 유급휴가라서 더 부담된다. 셋째, 너무 민감하다. 시공 당시의 기온에 따라 차열성 도료에 들어가는 성분의 배합비가 달라진다. 차열성 도료는 기존 아스팔트 포장 위에 페인트 칠하듯이 시공하는데, 신규 아스팔트일 경우 아스팔트 유제와 차열성 도료가 화학반응을 일으켜 부착이 잘 안 된다. 반대로, 노화된 아스팔트와의 부착은 잘 되는 반면 온도저감 효과가 크지 않다는 한계가 있다. 이 모든 문제를 한꺼번에 해결하기란 쉽지 않다. 이제 막 걸음마를 시작한 아이에게 갑자기 일어나 뛸 것을 재촉하는 일이니 말이다.

    계속 뜨거워지고 있는 한반도를 넋 놓고 보고만 있을 수는 없다. 도로 포장을 바라보는 시각도 변해야 한다. 질퍽거려 쿨편했지만 환경적으로는 무해했던 흙길과 평탄하면서 수명도 긴 아스팔트 포장 사이에서 긴 호흡으로 미래를 고민해야 한다. 사람과 지구를 위해 안전하고 친환경적인 포장재로 나아갈 방향을 고민해야 한다.

NOTE
13 열을 차단하는 성질
14 각종 기후에 견디는 성질

차열블록

필자는 차열성 도료를 개발하면서 차열블록에 대한 검토를 병행하였다. 차열블록은 차열 기능을 가진 블록을 말하는데, 차열성 도료와 비슷한 효과를 낸다고 알려져 있다. 혹자는 이를 시원한(cool) 블록이라 표현하기도 한다. 차열성 도료가 아스팔트 포장 위에 차열 기능이 있는 도료를 바르는 방식인 반면, 차열블록은 블록을 생산할 때 차열기능을 가진 첨가물을 함께 섞어서 제조한다. 가격은 일반 보도블록과 비슷한 수준이다. 효과만 제대로 입증된다면 높은 가성비로 쓰임새가 많아질 것이다.

효과 입증을 위해 2015년, 2016년에 필자가 근무하고 있는 사무실 주차장 24면에 다양한 종류(차열성 도료, 아스팔트, 시멘트 콘크리트, 차열블록, 투수블록, 점토바닥벽돌, 황토 포장 등)와 형형색색의 포장재를 시공하였다. 시공 결과, 차열성 도료는 일반 아스팔트 포장보다 표면 온도가 5.8~7.1℃ 낮은 것으로 나타났으며, 차열블록은 색상에 따라 4.0~9.5℃의 온도저감 효과를 보였다. 예상대로 어두운 색보다는 밝은 색의 효과가 더 좋게 나왔다.

블록 포장의 패턴설계는 블록 제조사별로 각각 다르게 디자인하였다.

사진 23 차열성 포장 시공 전(좌), 시공 후(우)

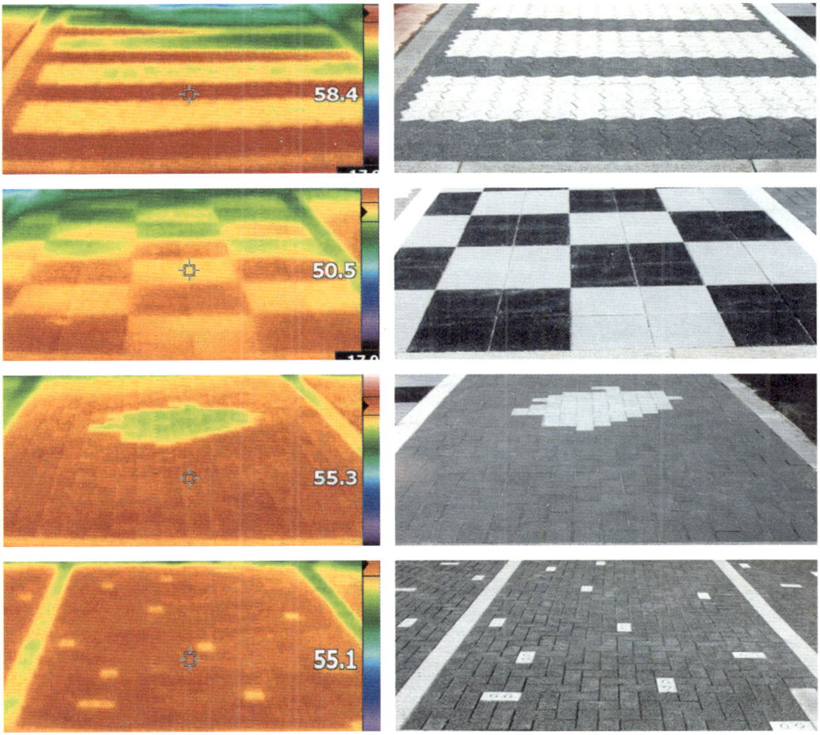

그림 14 블록 포장의 열화상 카메라 촬영 결과(좌-열화상 카메라 영상, 우-실물 사진)

그림 15 점토바닥벽돌 VS. 노화 아스팔트의 열화상 카메라 촬영 결과 (좌-열화상 카메라 영상, 우-실물 사진)

색상은 각 업체별로 2종류를 사용하였는데, 대부분 밝은 색(밝은 회색 또는 아이보리색)과 어두운 회색을 이용하여 패턴을 연출하였다. 그 결과 밝은 색 블록과 어두운 색 블록의 최고 기온 차가 평균 3~8도 나타났다.

그림 15는 점토바닥벽돌, 경계블록, 아스팔트 포장의 열화상 카메라 근접촬영 결과를 보여주고 있다. 촬영은 2016년 7월 19일 오후 2시 30분에 시행했으며, 촬영 당일 일최고온도는 기상청 기준(우면동) 15시에 35.4℃로 기록된 날이다. 측정 결과 점토바닥벽돌이 노화 아스팔트(AC-O) 보다 약 10℃ 낮고 경계 블록보다는 약 5℃ 낮은 것으로 나타났다. 사진 가운데의 경계블록 색상이 흰색을 나타내어 반사율이 가장 높을 것으로 예상되었으나 중간 값을 나타냈으며, 점토바닥벽돌이 가장 낮은 온도를 기록하였다. 이러한 결과는, 색상과 명도에 따른 알베도[15] 효과보다는 점토바닥벽돌의 천연소재(흙-점토) 성분의 열전도율[16](0.53Kcal/m·h·℃)이 콘크리트(1.41)보다 매우 낮기 때문인 것으로 판단된다.

그리스 아테네에서는 4,500㎡ 규모의 공원 산책로에 기존 아스팔트 포장을 걷어내고 차열성 블록 포장을 적용하였다. 공원 이용객의 눈부심을

사진 24 그리스 아테네 차열블록 포장

고려하여 흰색 대신 고반사율의 노란색 블록 포장을 사용하였는데. 아테네대학교에서 모니터링을 실시한 결과 기존 아스팔트 노면온도 대비 최고 12℃가 저감되었으며, 대기온도는 평균 1.9℃ 저감 효과가 있다고 발표한 바 있다.

이 밖에도 보도블록은 태양광 블록, 압전소자블록[17]을 이용하여 전기를 생산하고, 광촉매를 적용하여 자동차에서 배출된 일산화질소, 이산화질소를 분해하여 공기를 정화시키는 기능을 할 수 있다고 한다. 물론 국내에서는 시도조차 해 보지 못한 분야이다. 보도블록에 대한 좋지 않은 여론 탓이 크다. '보도블록=예산낭비'이라는 시민들의 편견도 블록 포장의 발전을 저해하는 요인이다. 여론 탓, 시민 탓을 하자는 게 아니다. 일에는 순서가 있고 사업 간에는 우선순위가 있다. 보도블록 포장도 마찬가지다. 보도블록은 안전하고 편안한 보행제공이 우선이다. 단단하게 잘 만들어진 보도블록을 울퉁불퉁하지 않게 잘 설치하는 것이 필요하다는 것이다. 기본이 충족되지 못한 상태에서 투수블록과 차열블록의 필요성을 논하고, 차도블록 설치나 전기 생산블록 도입을 주장하는 것은 어불성설이라 할 수 있겠다. 시민이 감시자의 주체가 되어야 한다. 자기 집 앞에서 엉터리 공사를 하고 있는 모습이 보인다면, 눈살만 찌푸린 채 그냥 지나쳐서는 안 된다는 것이다. 시민들 눈에도 못 마땅해 보이는 현장 모습은 원칙이 지켜지지 않는 공사일 가능성이 높다. 발주처, 시공업자, 제조사가 묵인했기 때문인데, 시민들마저 모르는 척 지나치면 나쁜 관행은 계속 반복될 수밖에 없다. 대한민국의 구성원 모두가 기본과 원칙을 지키고 합리적인 사고의 바탕 위에서 과학적 성과들을 축적하는 것이 올바른 보도블록 문화를 만드는 길이다.

NOTE
14 표면이나 물체에 입사된 일사에 대한 반사된 일사의 비율을 말하며 퍼센트(%)로 표현한다. 눈이 덮인 표면은 높은 알베도를 가지며 흙이 덮인 표면의 알베도는 높은 값에서부터 낮은 값까지 다양하고 초목으로 덮인 표면과 해양은 낮은 알베도를 가진다. (네이버 지식백과)
15 열에 의한 온도가 어느 한 부분에서 다른 부분으로 옮겨가는 현상의 크기를 규정하는 양
16 사람이 걸어다니는 운동에너지를 전기에너지로 바꾸는 블록으로, 블록을 한 번 밟을 때마다 전력이 생산되는 블록

Block 5

보도블록 이웃사촌

시각장애인용 점자블록
보도블록 파손의 용의자
깨지는 경계블록, 자빠지는 경계석
경계석 이웃, 측구
보도 턱은 동네북
모래가 700냥
모래가 범연

시각장애인용 점자블록

공공시설물은 대부분 사용자에게 불편 또는 위험을 최소화하기 위한 목적으로 설치된다. 최근 시각적 요소를 중요시하거나 정보제공을 목적으로 하는 시설물이 등장하기도 하지만, 보기 좋은 것보다 실용적인 것이 우선되어야 한다는 전제에는 변함이 없다.

하지만, 누군가의 불편함을 최소화하기 위한 시설물이 다른 누군가에게는 불편함으로 작용하는 경우도 있다. 그 대표적인 사례가 점자블록이다. 점자블록은 시각장애인의 보행권을 보장하기 위한 안전시설물로써, 주로 발바닥이나 지팡이의 촉감으로 그 존재와 대략적인 형상을 확인하여 정해진 정보를 판독할 수 있도록 그 표면에 돌기를 붙인 형태로 만들어 진다.

점자블록을 기능별로 구분하면 점형블록과 선형블록으로 나눌 수 있다. 점형블록은 횡단지점, 대기지점, 목적지점, 보행동선의 분기점 등의 위치를 표시하거나, 장애물 주위에 설치하여 위험 지점을 알리는 경고용으로 사용되거나 선형블록이 시작·교차·굴절되는 지점에 설치하여 방향 전환 지시용으로 사용한다. 반면, 선형블록은 방향 유도용으로 보행동선의 분기점, 대기 지점, 횡단 지점에 설치된 점형블록에 연계하여 목적방향으로 일

사진 01 선형 점자블록   사진 02 점형 점자·블록

정한 거리까지 설치하여 보행방향을 지시하거나, 보도에 연속 혹은 단속적으로 설치하여 보행동선을 확보·유지한다.

점자블록의 형상이 이렇다 보니, 휠체어, 유아차 등 바퀴 달린 이동수단을 이용하는 사람들에게는 울퉁불퉁하여 불쾌감을 주고, 하이힐을 신은 여성에게는 발목을 접질릴 수 있는 위험요인을 제공하여 민원으로까지 이어지는 경우가 발생하곤 한다. 하지만 이런 종류의 민원은 대부분 민원을 제기한 당사자를 이해·설득함으로써 해결된다. 거리는 모든 시민이 사용해야 하는 공공공간이므로, 일반인은 물론 보행에 어려움을 겪는 시각장애인에 대한 배려 또한 배제해서는 안 된다는 사회적 합의가 어느 정도 형성되어 있기 대문이다.

그렇다면 사회적 합의가 형성되지 않은 분야에서 이런 갈등이 발생하였을 때, 어떤 방법으로 극복할 수 있을까? 점자블록의 색상에 대한 다양한 '시각차' 또는 '입장차'를 생각해볼 차례다.

점자블록 전체의 색상은 원칙적으로 황색을 사용하도록 규정되어 있다. 하지만 최근 '상황에 따라 주변 바닥재의 색상과 뚜렷하게 대비가 되는 다른 색상을 사용할 수 있다.'는 조항이 사회적 갈등을 일으킨 바 있다. 또한 규정의 〈해설〉에는 다음과 같은 내용을 언급하고 있어 색상기준에 대한 해석을 자의적으로 할 수 있는 근거를 제공하고 있다.

해설
점자블록의 색상은 약시자들에게 중요한 정보를 제공하므로 황색을 사용하는 것을 원칙으로 하나, 주변 환경 여건상 황색을 사용하는 것이 부적절한 경우에는 주변 바닥재의 색상과 뚜렷하게 대비가 되는 색상을 설치한다. 주변 보도 블록색과 명도 대비가 적은 경우, 적절한 대비효과를 가져오도록 점자블록의 가장자리를 다른 색상을 이용해 둘러서 동일한 효과를 줄 수 있다. 도시계획법상 용도 지역 지구 중 미관지구의 역사문화 미관지구에는 지역의 특수성을 고려하여 주변의 재료와 조화를 이루는 동시에 색상대비가 큰 색상을 사용한다.

2000년대 후반 들어 서울시에서는 단지 보기에만 좋은 거리의 수준을 넘어서는 개념으로 거리의 모든 구성 요소를 통합적으로 디자인함으로써 '문화와 소통'의 요소를 함유하고 '삶과 지역문화'가 공존하는 거리로 만들고자 '디자인 서울거리' 사업을 시작하였다. 비슷한 시기에 「서울특별시 도시디자인 조례」가 제정되면서 '서울디자인위원회'라는 새로운 심의 기구가 탄생하였다. 이 조례는 서울특별시의 도시경관을 종합적이고 체계적으로 개선·관리하는데 필요한 사항을 규정함으로써 도시의 효율적 보전·발전에 기여하기 위한 목적을 가지고 있다.

'서울디자인위원회'에서는 도시디자인 추진을 위해 거의 대부분의 도시

사진 03
검은색 점자블록

사진 04
노란색 점자블록

내 시설물에 대한 심의를 수행하는데, 그 범주에는 보도포장과 관련된 사항도 포함된다. 점자블록과 관련된 사항도 물론 해당된다.

하지만 본 위원회에서는 점자블록의 색상을 기타 시설물과 어울림에 너무 치중한 나머지 '상황에 따라 주변 바닥재의 색상과 뚜렷하게 대비가 되는 다른 색상을 사용할 수 있다.'는 조항을 방패삼아 '검은색' 또는 '회색'을 띤 화강석 점자블록을 탄생·확산시키는데 크게 기여(?)했다.

일반인이 보기에는 '검은색' 점자블록이 주변 바닥재와 명도 대비만 된다면 약시자를 포함한 시각장애인들에게도 효과가 있을 것이라고 판단할 수 있으나, 그건 몰라도 너무 모르고 한 성급한 결정이었다. 해설 항목에서 기술된 예외조항('주변 환경 여건상 황색을 사용하는 것이 부적절한 경우에는 주변 바닥재의 색상과 뚜렷하게 대비가 되는 색상을 설치한다.')은 주변바닥재가 황색인 경우로 해석을 해야 하나, 주변 색상과 명도대비만 된다면 어떠한 색상도 사용할 수 있는 것으로 해석한 것이다.

점자블록 사용 당사자인 시각장애인의 말을 빌리자면 '검은색 점자블록은 마치 길 한가운데 있는 웅덩이로 보인다.'고 말한다. 즉, 주변바닥재와의 단순한 명도대비보다 더 복잡 미묘한 요소(명도+채도+기타 등)가 함께 고려되어야 한다는 것이다.

참고로 **사진 05**는 시인성을 높인 일본의 점자블록 시공사례로서, 점자블록과의 명도 차가 낮은 보도블록을 시공할 경우에 어떤 방법으로 해결하면 되는지를 보여주고 있다. 노란 점자블록과 황토색 보도블록의 경계에 검정색 블록을 설치함으로써 점자블록을 도드라져 보이도록 조치한 일본인들의 배려심을 엿볼 수 있다.

검은색 점자블록을 비난하는 글이 언론에 공개되면서 서울디자인위원회를 운영하던 서울시 모 부서에서는 주변 블록과 조화되는 색채로 변경할 수 있다는 고집을 포기하고 새로운 시도를 시작했다. '점자블록의 색상을 변화시킬 수 없다면 설치를 최소한으로 줄이자.'는 의도로 의심받기 충분한 '보행안전구역' 설치와 관련된 내용이 그것이다.

본 내용은 디자인 서울 사업을 추진하면서 급조된 기준으로 장애인, 여성 뿐 아니라 신체조건, 나이 등에 따른 차별 없이 모두를 포용력 있게 수

사진 05 시인성을 높인 점자블록(일본)

용하는 서울을 이루어나가자는 매우 바람직한 취지로 탄생된 '장애 없는 보도디자인 가이드라인'에 명료하게 서술되어 있다.

가이드라인에서 얘기하는 보행안전구역이란, 보도의 일정 폭(최소 2m 이상)을 장애 없이 걸을 수 있는 공간을 말한다. 보행안전구역에서는 양 옆 혹은 한쪽에 선형블록을 대신하는 경고용 띠(보행기준선)를 설치해 시각장애인들이 점자블록 없이도 띠 안쪽으로 안전하게 걸을 수 있도록 했다.

문제는 '경고용 띠'에서 발생했다. '경고용 띠'가 선형블록을 대신한다고 하였으나 재료에 대한 기준을 '밝기 및 재질이 다른 띠'로 기술하였기 때문에 해석의 여지가 많아 표준화 될 수 없었다. 점자블록 색채를 정의하면서 경험한 오류를 다시 한 번 똑같이 범하게 된 것이다.

결과보다 과정, 과정보다 목적이 더 중요하다는 말이 있다. 2008년, 서울시장은 시장단과 함께 도로관리부서의 업무보고를 받던 도중 보도 사진을 본 후 질문을 한 마디 던진다.

'보도 가운데에 있는 노란색 점자블록을 꼭 저렇게 깔아야 되나요?'

그렇다. '장애 없는 보도디자인 가이드라인'은 이렇게 탄생하게 된 것이다. 과거보다 더 쾌적하고 안전하게 장애인을 안내할 목적으로 탄생되었어야 할 가이드라인이, 색채적으로 도시 디자인의 미적요소를 저해하는 점자블록을 제거하기 위한 목적으로 만들어진 것이다.

2008년 11월에 이와 같은 내용으로 만들어진 '장애없는 보도디자인 가이드라인'은 여론의 뭇매를 맞고 그 이듬해 '밝기 및 재질이 다른 띠로 조성하되, 반드시 지팡이나 발로 구별 가능한 촉각적 기준선이어야 한다'는 모호한 표현을 덧붙이며 상황을 더 애매하게 몰아갔다.

도대체 지팡이나 발로 구별 가능한 기준이 뭐란 말인가? 그리고 시각장애인들의 발바닥에는 일반인보다 감도가 뛰어난 신경세포라도 달려있단 말인가? 아니면 시각장애인들은 신발을 벗고 다녀야 한단 말인가?

이와 같은 용두사미식 전시 행정을 이웃 부서인 도로관리부서에서 보고 있자니 억장이 무너지는 심정이었지만, 시장의 총애를 받고 있는 디자인 관련 부서에 감히 무어라 따져 물을 수는 없었다. 필자는 '장애없는 보도디자인 가이드라인' 수립 당시 10여 가지 반대 사항을 제출했다. 그리고 무참히 기각되었다. '디자인'이라는 단어가 붙어 있다면 무서울 게 없던 시대였다.

점자블록은 운전기사 딸린 부자 시각장애인보다는 흰 지팡이에 의지하는 비교적 가난한 이들에게 더 필요한 시설물이지만, 안타깝게도 점자블록에 대한, 가난한 교통약자에 대한 사회적 약속이나 합의는 아직도 진행 중이다. 우리나라가 이들에게 기본적 권리인 보행권을 보장하고 있다고 과연 자신 있게 얘기할 수 있을까?

보도블록 파손의
용의자

 보도포장을 파손시키는 가장 큰 원인이 뭘까? 그 원인 중에 하나가 바로 보도상 차량진출입로이다. 차량진출입로는 차도를 이용하던 차량이 건물 내에 있는 주차장으로 들어가고 나가기 위해 사용하는 보도의 일부 공간을 말한다.

 차량이 진출입하기 위해서는 보도를 통과해야 한다. 이 보도는 공공용지이기 때문에 개인이 보도를 상시 점거하여 사용하기 위해서는 건물주가 도로관리청(서울시의 경우에는 자치구)의 허가를 받아야 하는데 이를 도로점용허가라 한다.

 물론 이처럼 사용자가 개인용무를 목적으로 도로를 점용할 경우에는 점용면적에 따라 점용료를 납부해야 한다. 이러한 사항은 '도로법'과 '서울특별시 도로 점용허가 및 점용료 등 징수조례' 등에 근거가 마련되어 있다. 그렇다면, 차량진출입로가 손괴되었을 경우에는 누가 정비해야 할까?

 관련법을 살펴보면, 차량 등의 통행으로 인해 보도(차량진출입로)가 훼손되었을 경우에는 건물주가 훼손된 부분을 원상 복구할 의무가 있다고 명시되어 있다. 하지만 현실은 그리 호락호락하지 않다. 점용허가를 받은

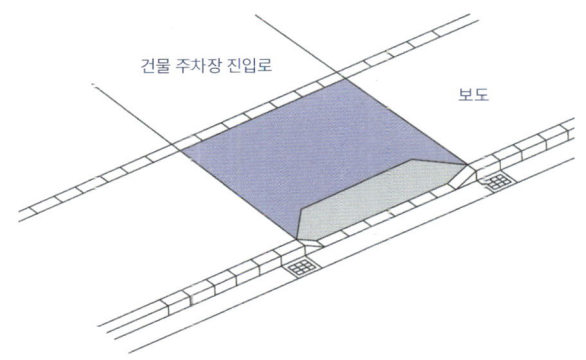

그림 01 보도상 차량진출입로

사진 06 손괴된 차량진출입로

사람들은 대부분 이렇게 항변한다.

"사용료(점용료)를 냈으면 정비는 구청에서 해야 하는 거 아냐?"

결국, 민생과 관련된 사항이라는 이유로(물론 구청장의 표와 연관이 더 많을 것이라는 추측이 앞서지만) 구청에서도 강압적인 단속을 하지 못하고 있어 도시미관을 해치는 주범이 되고 있다. 비록 포장이 파손된 채로 방치가 되고 있다 하더라도 그나마 점용허가를 받고 점용료를 납부하는 사용자

사진 07 불법 차량진출입 시설

(건물주, 점포주 등)는 성실 납세자에 속한다. 세금을 안내고 차량진출입시설을 임의로 설치하여 사용하는 경우가 많기 때문이다. 도로법에 '도로 점용허가를 받지 아니하고 도로를 점용한 자에 대하여는 그 점용기간에 대한 점용료의 100분의 120에 상당하는 금액을 변상금으로 징수'하도록 되어 있으나, 실제로는 불법 차량진입시설을 수거하는데 그치고 있다. 아주 드물게 말이다. 단속인원이 부족하고 민원이 심하다는 이유로 말이다. 납세의 의무를 가진 건물주와 세금을 추징할 의무가 있는 공무원의 태만이 도시를 멍들게 하고 있다.

불법 시설에 대한 수거만이라도 철저히 하면 얌채족들을 줄이는데 도움이 될 텐데, 그마저도 할 형편이 안 된다고 한다 결국 보다 못한 서울시에서 한 때 팔을 걷어붙이고 나섰던 경우가 있었다. 2011년 2월, '보도상 차량진출입로 정비로 보행환경 개선한다.'는 제목의 보도자료가 나갔고, 주요 내용은 다음과 같다.

· 도로를 훼손한 자가 원상복구 조치, 미이행 시 허가 취소 또는 변상금 부과 등
· 단속 강화
· 점용 비허가 구간의 불법 차량진입시설 수거 및 변상금 징수
· 기능이 폐쇄된 차량진입시설 구간 원상복구

　　물론 위의 사무는 모두 서울시 25개 자치구의 고유사무이다. 자치구의 자발적인 참여가 없으면 모든 계획이 공염불로 그치고 만다는 얘기다. 2011년에 시작된 행정처분은 2012년에 끝났다. 지속적으로 단속을 해야 할 공무원이 다른 일로 더 바빠졌기 때문이기도 하지만, 스스로 법을 지키지 않는 시민의식의 부재 탓이 더 컸다고 할 수 있다. 그나마 2년 동안 단속이 지속될 수 있었던 이유가, 각 자치구의 차량진출입로 정비 실적이 인센티브로 사업 평가에 적용을 받아 자치구별 순위에 따라 상금이 지급되기 때문이라니 더 큰 한 숨이 나오게 된다. 일명 '봐주기식 관행'은 이제 멈추어야 한다. 엉터리 보도블록 시공을 눈감아 주는 관행이 어렵사리 철폐되더라도 보도에 차가 올라타도 묵인해 주는 관행이 지속되는 한, 우리나라 보도블록 문화는 항상 제자리걸음을 할 수밖에 없다.

깨지는 경계블록,
자빠지는 경계석

경계석은 말 그대로 경계를 구분 짓기 위한 돌이다. 돌이 아닌 콘크리트로 만든 제품이라면 경계블록이라 부르기도 한다. 이도저도 귀찮으면 그냥 연석(緣石)이라 불러도 무방하다. 경계석을 가만히 들여다보고 있으면 한숨이 절로 나온다. 깨져 있거나 자빠져 있거나 푹 꺼져 있는 경계석이 많아도 너무 많다. 무엇이 문제일까?

먼저 깨지는 경계블록부터 살펴보자. 앞서 말했듯이 경계블록은 시멘트 콘크리트를 원료로 만들어진다. 콘크리트의 중요한 성질 중 흡수율이라는 것이 있다. 흡수율이 크면 빗물이 콘크리트 경계블록 내부로 잘 스며들게 된다. 스며든 빗물이 갑자기 추운 환경과 만나면 얼게 되는데, 그저 얌전하게 꽝꽝 얼기만 하면 괜찮지만 문제는 부피가 팽창하면서 얼게 된다는 것이다. 이로 인해 경계블록이 과자 부스러기처럼 깨지게 되는 것이다. 속된 말로 얼어 터지게 된다.

왜 흡수율이 커지게 된 것일까? 과거에는 그렇다 치고, 그럼 지금은 괜찮은 걸까? 궁금증과 의심을 해결하기 위해서는 우선 경계블록이 어떻게 만들어지는지를 알아야 한다. 불과 20년 전까지만 해도 경계블록은 여러

사진 08 동결로 인한 경계블록 파손(과거 생산 방법)

개의 형틀에 레미콘을 부어 넣고 수작업으로 눌러서 만들었다. 손으로 작업하다 보니 제품의 균일한 생산과 품질관리가 불가능했다. 대량생산이 어렵다 보니 콘크리트가 굳는 시간을 줄이기 위해 물을 덜 사용하게 되는데, 이는 결국 흡수율을 높게 만들어 동파 문제로 이어졌다. 당장 눈앞의 이익을 위해 '대충 빨리'라는 잘못된 선택을 한 것이다.

지금의 경계블록은 다 형자동화 기계로 몰드에 고압진동을 가해 성형하고 있으며, 미려한 표층부를 가진 제품을 생산하고 있다. 기계화·대형화된 설비를 사용하게 되어 대량생산도 가능해 졌다. 강도와 흡수율도 우수하여 얼어 터지는 현상도 없다. 과거 수작업으로 경계블록을 만들던 때의 품질과는 비교할 수 없는 고품질의 제품이 생산되고 있다. 그런데, 이렇게 질 좋은 제품을 찾는 사람이 거의 없다. 가격 경쟁력을 갖추었는데도 말이다. 그동안 무슨 일이 발생한 걸까?

경계블록의 경쟁제품은 경계석이다. 경계석은 석산에서 채취한 돌을 원

사진 09 고압성형장비로 생산된 경계블록   사진 10 천연석을 잘라 만든 경계석

하는 크기로 네모반듯하게 잘라서 만든 것인데, 천연석재를 잘라 만들기 때문에 경계블록보다 더 단단하며 대리석 표면처럼 질감이 고급스럽다. 이러한 이유로 경계블록보다 가격이 2~3배 정도 비싸다. 경계석 가격이 경계블록보다 현저하게 비싸지만 우리나라 시장에서는 경계석의 사용 비중이 95%를 넘고 있다. 현재 생산되고 있는 경계블록과 품질을 비교해 봐도 큰 차이가 없는데도 말이다. 과거 경계블록에 대한 좋지 않은 인식이 소비자들에게 계속 남아 있는 한 경계블록의 시장 전망은 어둡다.

    2012년 한 언론사에서 '중국산 석재, 국산 둔갑… 조달청 납품'(KBS 2012. 11. 29)이라는 뉴스가 보도되었다. 많은 양의 중국산 경계석이 국산으로 둔갑해 우리나라 관급공사에 납품되고 있다는 현장추적 기사였다. 평택항 인근의 한 야적장에서 중국산 경계석을 국산제품으로 둔갑시키는 밴드작업을 하고 물걸레를 이용해 중국 원산지 표시를 닦아낸 후 공사장으로 이동하는 장면이 고스란히 카메라에 담긴 것이다. 5분도 안 되는 짧은 시간에, 값싼 중국산 경계석을 3~4배 가량 비싼 국내산 경계석으로 둔갑시킨 것이다. 더 심각한 사실은 매년 1,000억 원의 경계석이 관급공사에 납품되고 있는데 불법 거래되고 있는 중국산 경계석의 양이 어느 정도인지 파악조차 안 되고 있다는 것이다. 관련 관공서에서는 이러한 불법 행위가 자신의 잘못이 아니라며 서로 책임 떠넘기기에 급급한 모습을 보여주었다.

이처럼 중국산 경계석이 불법 유통되는 이유는 우리나라보다 값싼 노동력과 느슨한 환경 규제, 가까운 지리적 환경으로 인한 저렴한 물류비용 때문이다. 이에 더하여 겨울이 지나 흉측하게 깨지고 골재가 터져 나온 콘크리트 경계블록의 모습에 대한 트라우마로 대체재인 천연 경계석에 대한 수요가 많아진 요인도 매우 크다고 할 수 있다.

최근 중국의 상황이 달라지고 있다. 중국산 경계석의 수입이 어려워졌다. 중국의 시진핑 주석이 환경과 안전에 대한 규제를 강화하면서 경계석을 가공하던 공장의 전기를 차단해 버렸기 때문이다. 경계석 원재료를 생산하는 석산이 자연환경을 훼손시키고, 절단 가공시 먼지를 발생시킨다는 국가적인 판단 때문이다. 이에 중국석을 수입하는 한국업체는 값싸게 생산이 가능한 석산을 찾아 넓은 중국대륙을 뒤지고 있다. 심지어 베트남 등 동남아시아로 눈을 돌리고 있다는 소식도 들린다.

중국산 경계석 사용으로 이익을 보는 집단은 중국 석산과 무역업체 뿐이다. 그렇게 생각해 보면 우리나라 내수시장 활성화 등을 고려하여 국내 생산된 경계석 사용을 장려하는 것도 고려해 볼 수도 있겠다. 하지만 우리나라는 중국보다 더 심한 환경 규제가 있기 때문에 이마저도 쉽지 않은 상황이다. 원점으로 돌아가 다시 경계석을 수입하는 편이 낫다고 주장할 수

사진 11 자빠진 경계석 　　　　사진 12 주저앉은 경계석

있지만, 이미 국내에 동일한 수준의 성능을 가진 콘크리트 경계블록이라는 대체재가 있는 이상 그런 주장은 공공적 당위 측면에서 약할 수밖에 없다. 이제 남은 숙제는 콘크리트 경계블록 생산업체가 주체가 되어 상대적으로 우위에 있는 경계블록의 친환경성, 착한 가격, 과거와 달리 단단해진 품질 등 우수성을 알리려는 노력뿐이다.

　사실 눈에 보이는 고민거리도 심각하다. 경계석이 자빠지거나 주저앉는 현상과 경계석으로 인해 사람이 다치는 문제다.

　먼저, 경계석이 자빠지거나 주저앉는 현상은 시공업체에서 공사비를 조금이라도 더 남기기 위한 부실공사의 결과물이다. 부실공사는 설계도면과 공사시방서에 적힌 대로 시공한다면 거의 대부분 예방할 수 있다. 경계석 부실공사의 원인은 기초공사에 있다. 경계석 하부 기초는 경계석을 견고하게 지지하고 경계석과 부착이 잘 되도록 시공해야 한다. 경계석이 전도[1]되지 않도록 경계석의 앞과 뒤에는 거푸집[01]을 대고 시멘트 콘크리트를 타설해야 한다. 이를 지키지 않으면 경계석은 차도 방향으로 고꾸라지고 만다. 경계석이 제 위치에서 벗어나는 것 자체도 문제지만, 경계석이 밀려나게 되면 경계석에 의해 지탱되는 보도블록도 함께 밀려나는 연쇄 파손이 발생하게 된다.

견실시공이 지켜지지 않는 이유는 뭘까? 경계석을 설치하기 위한 기초공사 포함 중간과정은 시공이 완료된 후에는 보이지 않는다. 따라서 시공자와 감독 공무원 중 어느 하나라도 자신의 역할을 태만히 하거나 대충 넘어가는 부분이 생길 경우 자연스럽게 부실시공이 뒤따른다. 또한, 하자가 드러난다 하더라도 그로 인해 분노하는 시민이 없다면 관련자들의 경각심도 낮아질 수밖에 없다. 결국 이러한 악순환이 계속 되고 있다는 사실은 관련된 모든 사람들 중 누군가가 자신의 이해와 편익에 따라 행동하고 있기 때문이며, 이를 방치하는 시민의식 수준과 사회적 환경의 결여를 드러내는 것과 다름없다. 사회적 무관심은 결국 시공사의 일탈행위를 부추기게 되며, 시공사의 부실공사 행위가 자연스럽게 습관화 되고, 그 결과 상당한 주의를 요하는 구조물에서도 나쁜 습관으로 자연스럽게 이어져 커다란 참사가 발생되는 것이다.

하자를 인정하지 않고 변명하는 경우도 근절되어야 한다. 경계석이 넘어지면 차가 올라타서 훼손된 것이지 부실시공은 아니라는 식의 항변이 누군가를 그럴듯하게 설득하고 있다. 설득당한 이가 진정 설득을 당한 것인지, 설득당하고 싶은 건지 의심스럽지만 말이다.

가령, 새 아파트를 구매하여 이사했는데, 거실 바닥이 깨져 있다면 가만히 있을 집주인은 없을 것이다. 당장 하자보수를 요청할 것이며, 조치가 취해질 때까지 끊임없이 항의를 할 것이다. 소비 성향도 마찬가지이다. 비슷한 성능을 가진 제품이 여럿 있다면 더 싼 제품을 고르기 위해 시간과 노력을 아끼지 않는다. 고심 끝에 고른 제품이 문제가 있다면 가만히 참고 있을 소비자도 없다. 이처럼 대부분의 소비자는 현명하다. 공무원도 그런 소비자 중 한 사람이다. 내 물건 사듯이, 내 집 공사하듯이 공공 예산을 써야 하며, 구매(공사)를 한 이후에도 문제가 없는지 관심을 갖고 꾸준히 지켜봐야 한다.

경계석도 옆으로 넘어지지만 경계석 때문에 사람이 넘어지기도 한다. 무슨 일일까? 비오는 날 횡단보도 신호등에 녹색 신호가 켜진 걸 보고 뛰다가 보도와 차도의 경계에 있는 경계석 상부를 밟고 미끄러워 멈칫하거나 넘어졌던 기억이 있는가? 눈이 조금 온 뒤 경계석 표면이 보일 듯 말 듯 한 상태인 경우에는 위험성이 더욱 크다. 이는 결코 부주의 때문도, 운동신경이 부족한 탓도 아니다. 고속도로를 운전해 본 사람들이라면 '안전운전을 위해 빗길 주행속도 20% 감속'이라는 문구를 종종 봤을 것이다. 누구라도 수긍할 수 있는 권장사항이다. 만약 '빗길에는 보도 및 횡단보도에서 뛰지 마세요.'라는 문구가 횡단보도 옆에 세워져 있다면 어떨까? 아마도 선뜻 받아들이기 쉽지 않을 것이다. 이유는 간단하다. 경계석 상부를 미끄럽지 않도록 조치만 한다면 미끄럼 사고가 없어질 것이기 때문이다. 보행의 경우 차량 주행에 비해 사고 위험에 대한 의식이 낮기 때문이다. 더구나 경계석 상부를 미끄럽지 않도록 조치만 취하는 것으로도 사고 가능성은 확실히 줄일 수 있다.

경계석의 미끄러움에 대하여 실제 도로현장에서 실험을 진행해 보았다. 도로에서 주로 사용되는 경계석 3종을 골라 미끄럼에 대한 안전성이 어떻게 다르게 나타나는지를 알아보기 위함이다. 사진 13~15는 실제 도로에 설치된 경계석(경계블록)이다. 사진 13, 14는 시멘트 콘크리트를 주재료로 만

사진 14 콘크리트 가공 경계블록

사진 13 일반 콘크리트 경계블록

사진 15 천연화강 경계석

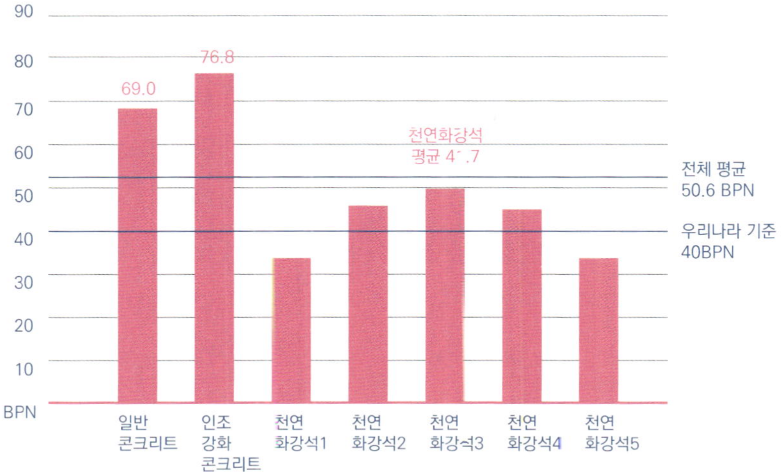

그림 02 경계석(경계블록) BPT 시험 결과

든 경계블록이고, 사진 15는 천연화강석을 가공하여 만든 경계석이다.

미끄럼 성능 실험 결과, 시멘트 콘크리트로 만든 제품은 70BPN 정도의 결과를 보였으며, 천연화강 경계석은 40BPN 내외의 결과를 나타냈다. BPN 수치가 작을수록 미끄럼에 취약함을 의미하므로 천연화강 경계석이 일반 콘크리트 제품의 경계블록보다 위험하다는 것을 짐작할 수 있다.

천연화강 경계석이 미끄러운 원인을 찾고자 경계석 제조 공장을 어렵사리 섭외하여 방문하였다. 다음 사진은 경계석의 가공 및 설치 과정을 기록한 것이다. 사진 16은 석산에서 발파를 통해 채취한 원석이다. 이 원석을 공장으로 운반하고 난 후 원하는 크기와 모양대로 자르는 과정이 진행되는데, 이 때 사용되는 절단 도구가 대형 톱날이다. 사진 17을 보면 톱날의 크기를 상상할 수 있을 것이다. 톱날에 의해 잘려진 원석의 절단면은 마치 호텔 로비의 고급 대리석 바닥의 표면과 비슷하다고 할 수 있다. 빛을 비추면 반짝반짝할 정도로 매우 매끄러운 형상을 가지게 되는 것이다. 경계석의 미끄러운 표면은 이렇게 탄생된다. 문제는 이런 절단면을 가진 경계석이 현장에 그대로 납품되고 있으며, 전국에 납품되는 경계석의 대부분이 이렇게 생산된 경계석이라는 것이다.

그렇다면 수천, 수만 킬로미터나 설치된 문제의 경계석을 어찌하면 좋단 말인가. 쉽게 뺏다 꼈다 할 수 있는 레고 블록도 아니니 말이다. 천문학적인 예산도 필요하거니와 수반되는 공사의 규모도 작지 않다. 미끄럼을 방지할 수 있는 간편한 방법이 필요하다. 다행히 경계석의 원료인 돌은 아주 오래전부터 우리 선조들이 많이 다루어 왔던 천연 재료이며, 최근 들어 다듬 방법도 많이 진화되어 왔다. 버너 가공, 잔다듬 가공, 줄다듬 가공은 돌

사진 16 석산에서 채취된 원석

사진 17 원석을 자르는 대형 톱날

사진 18 버너 가공

사진 19 잔다듬 가공

사진 20 줄다듬 가공

사진 21 미끄럼 방지 테이프 부착

표면을 거칠게 만드는 대표적인 가공방법이다. 필자는 이 세 가지 가공방법을 직접 다루어 본 후 버너 가공법을 최종 방안으로 선정한 바 있다. 이것은 다른 두 가지 가공방법보다 소음과 분진이 적고 작업능률이 높으며 가격이 저렴하다는 장점이 있었다.

이렇게 선정된 가공방법은 미끄럼 관련 민원이나 사고가 빈번한 장소인 횡단보도 및 버스정류장 주변의 경계석에 우선 적용되고 있다. 예산이 허락하는 한도 내에서 말이다.

현장에서 미끄러운 경계석의 표면가공이 활성화 되던 무렵, 경계석 교체공사를 하는 현장에서도 바람직한 변화가 뒤따라 왔다. 어쩔 수 없이 경계석 교체가 불가피한 공사에 사용되는 경계석은 이미 공장에서 표면가공이 된 재료를 사용하는 것이다.

경계석 표면을 거칠게 가공하는 것보다 더 경제적인 방법이 없는 건 아니다. 목욕탕 타일 바닥에 미끄럼 방지 스티커를 붙이듯이 경계석 표면에 미끄럼 방지 테이프를 붙이는 방법도 사용되고 있는데, 문제는 쉽게 떨어진다는 것이다. 좀 더 신중한 검토가 진행된 후 사용되어야 할 것이다.

NOTE
01 콘크리트 구조물을 소정의 형태 및 치수로 만들기 위하여 일시 설치하는 구조물

경계석 이웃, 측구

경계석에게는 '측구'(側溝)라는 이웃이 있다. 평소 측구는 이웃집에 사는 경계석이 옆으로 밀려 나가지 않도록 버팀목 역할을 한다. 비가 오는 날이면 아스팔트에서 흘러내려오는 빗물을 하수구로 보내는 수로(水路) 역할을 하기도 한다. 나름대로 중요한 역할을 하고 있지만, 그에 상응하는 대우를 받지 못하고 있다. 어찌 보면 이웃인 경계석과 비슷한 처지에 있는 안타까운 시설물이라 할 수 있다.

도로에 훼손된 측구를 볼 때마다 안타깝다. 도시의 흉물로 선정되어도 전혀 손색이 없어 보인다. 그런데 관심 없는 사람들은 이 모습을 잘 보지 못한다. 보행자도, 자동차 탑승자도 보기 힘든 보도와 차도 사이 '지리적 요새'에 놓여 있기 때문이다.

보이지 않음은 악용될 가능성이 큼을 의미하기도 한다. 보이지 않기 때문에 값싼 재료를 써도 된다는 유혹에 넘어가기 쉽고 시공 원칙을 지키기 어렵다. 게다가 이를 감독해야 할 공무원도 관심을 두지 않는다면 시공사와 재료 공급업체에는 손쉽게 이익을 취할 지속적인 기회만 줄뿐이다.

측구는 시멘트와 골재를 물과 혼합해서 만든 콘크리트를 주재료로 사

사진 22 파손된 측구

용하는데, 보통 레미콘 트럭으로 싣고 와 현장에서 타설하면서 공사를 한다. 공사관계자들이 상대적으로 덜 중요하다고 생각하는 공사이다 보니 레미콘 품질에 대한 검사를 소홀히 하게 되는 경우가 많다. 예를 들면, 효율성과 시공 작업성을 좋게 하려고 레미콘에 물을 타서 시공하는 경우, 입도와 입형이 불량하거나 품질이 떨어지는 골재를 사용하는 경우, 심지어 시멘트를 적게 넣는 경우 등 강도를 떨어지게 하는 비양심적이고 불법적인 행위가 벌어지고 있다.

토목사업에서 기초의 중요성은 아무리 강조해도 지나치지 않는다. 측구용 콘크리트를 타설하기 전 기초의 전처리도 마찬가지이다. 기초 바닥면에 사용되는 골재에 대한 입도관리와 다짐작업이 부족하여 측구가 침하되고 파손되는 경우가 많다. 사진 23은 도심지에서 행해지고 있는 측구 공사의 한 예이다. 얼핏 보아도 기초 바닥면에 쓰레기 골재(흙과 석분이 많이 포함된 골재)가 채워져 있음을 알 수 있다. 이런 불량 골재를 쓰면서 다짐도 하지 않은 상태로 기초를 만들면 지지력이 떨어져 수명이 짧아지게 된

사진 23 측구 부실공사

다. 콘크리트는 재료의 특성상 양생[02]이 되면서 건조수축[03] 반응이 발생된다. 이 건조수축에 의한 무작위균열[04]을 최소화하기 위해 수축줄눈을 시공해야 하는데 대부분의 현장에서는 이 절차를 생략하게 된다. 시공사 입장에서는 이 조치를 안 해도 뭐라 하는 사람 없으니 모르는 척 안하게 되고, 안 한 만큼 시공비를 절약하게 되니 다음에 또 안하는 악순환이 반복되고 있다. 이는 곧 많은 균열로 이어진다.

사진 24~26은 필자가 측구 파손 현황을 살펴보기 위해 자전거를 타고 다니면서 직접 찍은 사진이다. 서울 도심지를 횡단하는 종로, 을지로, 퇴계로를 돌아다니면서 수백 개도 넘는 균열을 발견하였다. 6m 짧은 구간에 균열이 7개가 발생된 것을 확인한 경우도 있다(참고로 경계석 하나의 길이는 1m 이다). 처음에는 눈에 잘 보이지 않는 모발균열[05]이었다가 시간이 지나면서 균열 틈으로 빗물이 들어가고, 하중이 큰 트럭 또는 버스가 밟고 지나가면서 파손의 규모가 커지게 된다.

도로 포장은 기본적으로 물을 상당히 싫어한다. 물이 포장체 내부로 들

사진 24
부실시공으로 발생된 균열

사진 25
균열이 진행된 파손

사진 26
측구의 잘못된 시공으로 인한
물고임_
배수 설계, 시공시 경사를
잘 살피지 않으면 지속적인
물고임이 발생한다.
물이 포장체 내부로 들어가면
접착력이 떨어져 쉽게 파손된다.

어가면 접착력이 떨어져 쉽게 파손되기 때문이다. 따라서 배수[06]가 매우 중요하다. 물은 높은 곳에서 낮은 곳으로 흐르기 때문에 배수 설계시에는 경사를 잘 살펴야 한다. 이를 잘못 설계 또는 시공하게 되면 물고임이 발생하게 되며, 물이 지속적으로 고이는 구간의 포장체는 쉽게 파손되는 것이다.

측구는 나름 중요한 역할을 하고 있으나, 그에 합당한 대우를 받지 못하고 있다. 이를 어떻게 개선할 것인가? 출발점은 명확하다. '법과 원칙대로' 부실공사를 하는 시공사에게는 재시공 명령을, 브실공사를 눈감아 주는 감독 공무원에게는 징계를, 시민은 부실공사 신고자 역할을 해야 한다. 공무원의 봐주기식 감독이 근절되지 않는 한 건설 선진국으로의 진입은 요원하다.

NOTE
02 콘크리트 타설 후 그 경화 작용을 충후히 발휘하도록 콘크리트를 보호하는 작업
03 콘크리트가 함유하고 있는 수분을 잃고, 건조에 의해 길이 혹은 체적이 감소하는 것
04 예상하지 않았던 곳에 생기는 균열
05 머리카락 모양처럼 미세하다고 하여 붙여진 이름. 헤어크랙(Hair Crack)이라고도 한다.
06 도로 포장 위에 떨어진 빗물을 하수구로 신속하게 이동시켜 주는 행위

보도 턱은 동네북

보도는 누구를 기준으로 만들어야 하는 걸까?

보도를 설계하고 시공할 때, 신체 상태가 어느 정도 되는 사람들을 기준으로 해야 하는지를 고민한 적이 있다. 서울시 도로관리 업무를 맡으면서 보도 턱과 관련된 수많은 민원을 접해 본 결과 보도는 노약자, 장애인(특히 휠체어 장애인), 영유아 등 교통약자를 위주로 접근하면 된다는 결론에 다다랐다.(영유아라는 표현에는 '유아차를 끌고 다니는 엄마'도 포함된다.)

보도의 턱이 높고 낮음에 따라 누구에게 어떤 상황이 발생되는지를 하나씩 따져 볼까 한다. 먼저 횡단보도 앞의 보도 턱부터 보자. **사진 27**은 과거의 서울에서 흔히 볼 수 있던 횡단보도 풍경이다. 물론 지금도 서울을 조금만 벗어난 수도권에만 가더라도 쉽게 볼 수 있다. 횡단보도를 이용하는 보행인들에게 편의를 제공하기 위해 횡단보도 폭 전체를 차도의 높이만큼 낮게 설치한 것인데, 이는 바퀴달린 이동수단인 휠체어, 유아차, 자전거 등의 횡단에 안전과 편의를 제공하고자 설치된 것이다.

하지만 과도한 폭의 보도 턱 낮추기로 인하여 차도를 통행하던 차량이

사진 27 전체 턱낮춤

사진 28 보도상 불법 주차

보도상에 진입하여 주차, 보행 단절 및 보도블록 파손을 초래하는 부작용이 생기게 되었다. 보행자의 편의를 위해 설치된 턱낮춤 시설이 차량의 불법 통행로로 사용되면서 보행자에게는 위험과 불편이 초래되고, 자동차 운전자에게는 일시적인 편안함이 제공된 것이다. 여기서부터 행정당국의 잘못된 선택이 시작된다.

자동차 진입 억제용 말뚝, 즉 '볼라드'의 도입이 그것이다. 볼라드는 횡단보도 부근의 턱 낮추기 구간에 자동차의 진입 및 우회전 자동차가 보도로 진입하는 것을 예방하기 위해 설치되는 말뚝이다. 이 말뚝은 보행자의 통행 관점에서는 일종의 장애물로 간주될 수 있으므로, 필요한 장소에만 선택적으로 설치해야 하며, 자동차 진입 억제를 위해 1.5m 정도의 간격을 유지해야 한다고 규정되어 있다.

하지만 이러한 규정은 또 다른 부작용을 낳고 말았다. 시각장애인들 뿐만 아니라 일반인들마저도 이 볼라드에 부딪혀 넘어지거나 타박상을 입는 등 크고 작은 사고를 당하는 일이 발생하기 시작한 것이다. 사고 피해자들

사진 29 볼라드 설치 사례

사진 30 볼라드 훼손

로부터 손해배상에 대한 청구 요청과 함께 볼라드를 제거해 달라는 민원이 봇물 터지듯 접수되었다. 이러한 일련의 사고는 볼라드의 키가 작아 시인성(視認性)[07]이 좋지 않고, 사람들이 통행하는 보행동선에 위치하고 있다는 문제가 복합적으로 작용하여 나타난 것이다.

   문제는 이것으로 그치지 않았다. 시민들이 고의 또는 실수로 볼라드를 망가뜨리는 경우가 빈번히 발생되었다. 평소에 잘 다니던 길에 어느 날 갑자기 볼라드가 설치된 것에 못마땅하여 분풀이라도 하듯 볼라드를 일부러

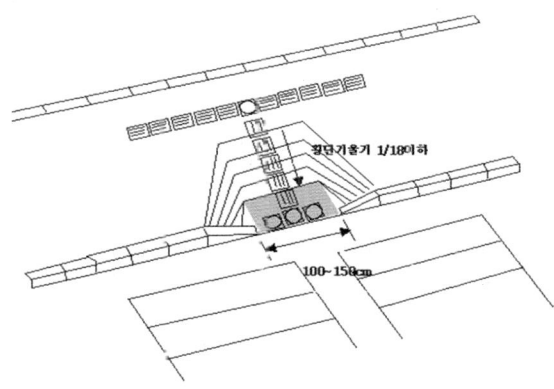

그림 03 부분 턱 낮추기 구조

훼손하거나, 새로 설치된 볼라드를 미처 발견하지 못해 충돌하는 경우가 이에 해당된다.

이러한 사항을 해결하기 위해 서울시에서는 2007년부터 횡단보도 전체구간에 대한 턱 낮추기를 지양하고, 장애인 및 노약자의 보행 편의를 위해 필요한 최소폭(1.0m~1.5m)만 턱 낮춤을 실시하되 볼라드는 설치하지 않는 "보도 부분 턱 낮추기" 지침을 탄생시켰다.

"보도 부분 턱 낮추기"는 보도상으로 차량이 진입하는 부작용과 필요악으로 작용했던 볼라드의 부작용을 동시에 제거하여 안전한 보행환경을 조성해 주는 효과가 있었으나, 반대 민원도 해마다 수십여 건이 들어 왔다. 주된 민원층은 노약자, 휠체어 장애인 등 보행이 불편한 교통약자들이었다. 이들의 요구사항은 보도 턱을 횡단보도 전체폭만큼 낮춰달라는 내용이 주를 이룬다. 하지만, 그 당시 "보도 부분 턱 낮추기"보다 더 현실적인 대안이 없어 대부분의 민원은 이해·설득으로 처리되었다. 심지어, 바뀐 보도턱 구조에 익숙하지 않은 시민이 보도턱에 걸려 넘어지는 사고로 얼굴을 다치는 사례도 있었다. 현실적인 대안이 "보도 부분 턱 낮추기"라면 이상적인 대안은 뭘까?

① 넓은 보도 턱 낮춤
② 볼라드 제거
③ 불법 주·정차 제거

이 세 가지 요소를 두루 갖추는 것이다.

①번 항목은 보행편의를 제공하기 위한 긍정적 요소인 반면, ②번 항목의 볼라드는 ③번 항목의 실현을 위한 필요악으로 작용하고 있다. 즉, 불법 주·정차가 다른 방법으로 제거되었다면 볼라드는 불필요한 존재가 되는 것이다.

그렇다면, 보도에서 볼라드를 사라지게 할 방법은 뭘까? 해결 방안은 의외로 간단하다. 보도에 주차를 하지 않겠다는 시민의 자발적 참여 내지는 행정기관의 강력한 단속이 바로 그것이다. 하지만 이 간단한 논리 이면에는 정치적인 딜레마가 존재한다. 불법 주정차가 사라지지 않는 것은 성숙하지 못한 시민의식, 자동차 수에 비해 턱없이 부족한 주차 공간, 그리고 한시적인 단속 등 복합적인 이유 때문이다. 시민의식과 주차공간은 하루아침에 뚝딱하고 만들어지는 요소가 아니다. 행정을 집행하는 공무원 입장에서는 가장 손쉬운 방법이 불법주정차 단속이다. 단속할 수 있는 법적 근거와 단속 인력이 있는데 일선 자치구에서는 왜 단속을 기피하고 있는 걸까? 세수도 늘리고 보행환경도 개선할 수 있는 방법인데 말이다.

　풀뿌리 민주주의의 상징인 지방자치제가 그 원인이다. 보도상 불법 주정차 단속은 25개 자치구에 위임되어 있는 사무이다. 하지만 일선 자치구에서는 강력 단속 시행시 빚게 될 시민들과의 마찰을 꺼리고, 현직 구청장들은 차기 선거 표 의식으로 강력 제재를 기피하는 등 풀기 어려운 숙제를 가지고 있다. 정치적인 계산으로 시민들의 안전하고 쾌적한 보행권이 박탈되고 있는 현실이 안타깝다.

NOTE
07 대상물의 존재 또는 모양이 원거리예서도 식별이 쉬운 성질. 유목성 혹은 주목성과 구별되며, 명도 차가 클수록 시인성이 높다.

모래가 700냥

'우리 몸이 1,000냥이면 간이 900냥'이라는 말이 있다. 간이 그만큼 중요하다는 것을 단적으로 표현하는 말이다.

'블록 포장이 1,000냥이면 모래가 700냥'

어떤 느낌인가? 모래가 좀 중요할 것 같다는 생각이 들지 않는가. 필자가 많은 보도포장 시공현장을 살펴본 결과 우리 몸의 간만큼이나 중요한 역할을 하는 것이 '줄눈 모래'이기 때문이다.

줄눈 모래는 보도블록의 사이 2~3㎜ 공간을 빽빽하게 채워서 블록과 블록의 맞물림 효과[08]를 증진시키는 역할을 한다. 즉, 차량이 보도 위로 올라올 때[09] 보도블록이 그 무게를 혼자 견디는 것이 아니라, 줄눈 모래가 이웃해 있는 보도블록에 하중을 전달하여 지지력을 증가시키는 역할을 한다. 맞물림 효과가 얼마나 중요하기에 국가표준(KS)에서도 보도블록의 명칭을 그냥 '보도블록'이 아닌 '보·차도 인터로킹 블록'이라고 했겠는가. 이러한 줄눈 모래가 잘 채워지지 않았을 경우 블록 포장은 어떻게 될까? 안타깝게도 우리 몸속 장기(臟器)인 간처럼 처음에는 전혀 문제가 없다. 하지만, 시간이 지나고 자동차가 올라타는 현상이 반복되면 블록의 맞물림이 저하

사진 31 줄눈 모래로 인한 블록 포장 파손(일본 사례)

되어 포장으로써 기능을 할 수 없게 된다. 결국 들컹거림, 울퉁불퉁함, 수평이동 등으로 인한 파손이 유발된다.

간의 손상이 일정 한계치를 넘으면 돌이킬 수 없듯이 덜 채워진 줄눈 모래로 인한 블록 포장 파손 또한 복구가 어렵다. 보도블록에서 사용되는 줄눈 모래도 불량 모래를 사용하거나 잘못된 방법으로 시공할 경우, 결국 재시공을 해야 한다. 이 때, 모래만 제거하고 양질의 새 모래를 넣으면 되는 것이 아니라 보도블록까지 전부 들어내고 다시 시공을 해야 한다. 심각하면 보도블록도 새 것으로 교체해야 하는 상황이 벌어질 수도 있다.

역할 면에서 간과 비슷한 점도 있다. 간이 우리 몸에서 약물이나 해로운 물질을 해독하는 일을 하듯이 모래는 숯과 비슷하게 깨끗하지 않은 물을 정수하는 필터 역할을 한다. 하지만 이것은 모래의 일반적인 역할일 뿐 보도블록 포장에서는 큰 의미를 부여하기는 어렵다.

사진 32
줄눈 모래 유실로
인한 파손(대전시 사례)

　차도블록 포장의 경우에는 파손증상이 더 심각하게 나타난다. **사진 32** 는 대전시 차도블록 포장 파손 사례인데, 덜 채워진 줄눈 모래가 펌핑 현상까지 일으켜 블록 포장의 기능이 마비된 경우를 보여주고 있다. 모래로 채워져 있어야 할 공간으로 물이 침투하고, 블록 하부의 모래와 흙이 차량 하중으로 인한 압력에 의해 물과 함께 밖으로 분출된 것이다. 블록 주변부의 희뿌연 자국이 펌핑의 흔적을 자세히 보여 주고 있다. 100% 줄눈 모래의 탓만은 아니다. 잘못된 블록 사이즈, 두께, 포설패턴 등 복합적인 이유가 있지만 가장 지배적인 원인이 줄눈 모래에 있다는 것이다.

　해결방법을 제시하기에 앞서 원인을 먼저 설명하고자 한다. 먼저 재료적인 부분이다. 일본에서 사용되는 줄눈 모래는 시멘트 포장처럼 포대에 잘 패킹이 되어 판매된다. 포장지 내부는 비닐소재로 2중 포장되어 있어서 비를 맞더라도 빗물이 내부로 침투하지 않는다. 젖은 모래를 사용할 경우 블록 사이에 모래를 채우는 충진 작업이 어렵기 때문이다. 모래 알갱이의 최대 크기(입도)가 2.5㎜를 넘지 않도록 관리하고 있으며, 너무 작은 미세 입자(0.08㎜ 이하)의 양도 철저하게 관리하고 있다.

사진 33 패킹된 줄눈 모래(일본)   사진 34 톤백(Ton bag)에 담긴 줄눈 모래(국내)

    그렇다면 국내의 경우는 어떨까? 사진 34는 우리나라 보도블록 시공 현장에서 쉽게 볼 수 있는 모습이다. 일명 톤백(Ton bag)[10]이라 불리는 물건인데, 이곳에 담겨진 두언가(?)가 블록 포장의 줄눈 모래로 사용되고 있다. 문제는 이 재료의 품질관리가 잘 안 되고 있다는 것이다. 공사장에 반입된 상태로 비가 오면 그대로 빗물에 젖게 되어 줄눈 채움 작업이 어려울 뿐만 아니라, 정체가 불분명한 제품이 납품되고 있어 시공 품질을 저해하고 있다. 핑계 없는 무덤이 없듯이 이럴 수밖에 없는 충분한 이유가 있다. 납품된 모래를 유심히 살펴보는 감독도 없고, 양질의 모래인지 판단할 수 있는 합리적인 기준도 없기 때문이다. 더 결정적인 원인은 현장에 반입된 모래가 공짜라는 것이다. 몇몇 보도블록 제조사가 보도블록을 납품할 때 무상으로 납품하다 보니 다른 업체에서도 자기 제품 판매를 위해 너도나도 동일한 서비스를 제공하게 된 것이다. 공짜 제품, 끼워팔기 제품에 고품질이 따라올 리 없지 않겠는가.

사진 35 흩뿌려 놓은 줄눈 모래(잘못된 시공)

최근 서울시에서는 일본의 줄눈 모래 입도를 도입하여 서울특별시 전문시방서에 반영한 바 있다. 많이 늦긴 했지만 다행스러운 일이 아닐 수 없다. 하지만, 그로부터 수년이 지난 오늘도 서울의 많은 공사장에서는 톤백들이 여기저기 돌아다니고 있다.

너무 실망할까봐 감춰둔 얘기가 있다. 불량 줄눈 모래를 사용하고 있는 현장소장이 들으면 우쭐 댈 만한 사례이기도 하다. 일부 자존심 있는 블록 제조사가 공짜 줄눈 모래는 불합리한 관행이라며 무상 제공을 거절하곤 하는데, 이 경우에는 시공사에서 줄눈 모래를 별도로 구매하여 사용해야 한다. 공사비에 줄눈 모래 비용이 당연히 포함되어 있어야 하지만, 발주처 공무원은 공짜 줄눈 모래를 예상하고 공사비에서 누락시키는 것이다. 줄눈 모래를 사용하지 않는 현장은 이렇게 탄생하게 되는 것이다.

줄눈 모래의 시공적인 부분을 살펴보자. 보도블록 시공이 거의 끝나갈 때쯤 **사진 35**와 같은 광경을 본 적이 있을 것이다. 모래가 보도블록 위에 얇

사진 36 밀대를 이용하여 줄눈 모러 포설(일본)   사진 37 컴펙터 다짐으로 모래 충진(일본)

게 덮여 있는 상태인데, 이를 보고 이상하다고 생각하거나 불만을 가져본 적이 있는가. 으히려 원래 이렇게 시공하는 게 맞겠거니 생각하는 사람들이 많을 것이다. 모래 위에서 미끄럼을 타는 어린이들을 보고 있노라면 필자는 마음이 불편해 진다.

　이 방법은 결코 옳은 시공방법이 아니다. 블록 위에 흩뿌려 놓은 모래가 저절로 채워지리라 생각하는 건 착각이다. 시공사는 그렇게 믿고 싶을 것이다. 시공사 입장에서는 줄눈 모래를 채우는 일을 애써 하지 않아도 되니 남는 장사가 되고, 누가 뭐라 하는 사람도 없으니 억지로 할 필요가 없는 것이다. 하지만 줄눈 모래가 제대로 채워지지 않은 현장은 머지않아 여러 가지 문제가 발생하게 된다.

　그렇다면 줄눈 모래 시공의 정석은 무엇일까. 줄눈 모래 채움 작업은 블록을 설치한 후 바로 따라오는 후속 공정이자 마지막 공정이므로 다음 공정처럼 철저히 관리되어야 한다.

보도블록 이웃사촌　**249**

표 01 줄눈 모래의 입도 기준

우리나라(국토교통부)	일본
입도 : 0~3mm	· 최대입경 : 2.5mm 이하 · 0.08mm체[11] 통과량 : 10% 이하 · 건조한 상태 유지

※ 서울시에서는 전문시방서를 2014년에 개정하여 일본의 입도기준으로 변경

① 블록의 표면에 줄눈 모래를 균일하게 포설한다.
② 밀대 등을 이용하여 블록과 블록 사이에 모래를 채워 넣는다.
③ 채움 효율을 높이기 위해 컴팩터로 다짐을 한다.
④ 완전히 채워질 때까지 위 과정을 반복한다.

　줄눈 모래의 잘못된 재료선택과 엉터리 시공으로 인해 발생되는 파손을 어떻게 막을 수 있을까?
　가장 중요한 사항은 양질의 줄눈 모래를 선별하여 사용하는 데 있다. 이에 앞서 국가에서 줄눈 모래의 품질기준을 엄격히 개정하여 관리할 필요가 있다. 현행 국내 줄눈 모래 입도기준은 일본에 비해 너무 허술하다. 모래 입자 사이즈가 3㎜만 넘지 않으면 아무거나 사용해도 좋다는 식으로 해석해도 문제가 없다. 조속한 시일 안에 기준 강화가 필요하며, 그 후 홍보와 교육이 뒤따라야 할 것이다.
　줄눈 모래를 블록 제조업체에서 무상으로 제공하는 관행도 하루빨리 없어져야 한다. 끼워 팔거나 공짜로 주는 제품을 대상으로 품질을 논의하

는 것 자체가 우스운 일이 아닌가. 제 값을 주고 제대로 된 품질을 가진 모래를 납품받아야 100년이 가는 보도블록 포장이 가능한 것이다.

   줄눈 모래 채움 작업에 대한 철저한 시공관리도 중요하다. 서울시에서는 줄눈 모래 채움의 중요성을 인식하고 줄눈 모래를 채우는 인건비를 추가로 지급하는 규정을 만들어 시행하고 있다. 국가에서 정하고 있는 건설표준품셈도 이를 긍정적으로 받아들여 전국에서 시행되는 블록 포장 공사의 설계에 반영되어야 시공사의 자발적인 시공품질 관리가 가능할 것이다. 하지만 이것만으로는 뭔가 부족하다. 하찮아 보이는 공정이 제대로 정착되기까지 감독 공무원의 관심과 확인이 필요하다. 공사 준공시 오른손에 송곳 하나를 들고 줄눈 부위를 무작위로 쑤셔보면 줄눈 채움 작업이 제대로 되었는지 쉽게 확인할 수 있다. 여력이 된다면 왼손에 고무망치도 하나 들고 다니면 더욱 좋다. 블록을 3회 정도 타격해 보면 결과를 알 수 있는데, 타격 후 줄눈 틈이 텅 비어 있는 게 눈으로 확인된다면 틀림없이 부실시공이다.

NOTE
08 인터로킹(Interlocking) 효과라고도 하며, 블록과 블록을 서로 맞물림시켜 하중을 전달하는 역할을 할 수 있도록 함.
09 보도블록 포장은 4톤 이하의 관리용 차량 또는 일반 차량이 통행하는 경우로 설계되는 경우도 많다.
10 톤백(Ton bag) : 곡물이나 골재를 든 자루(bag)에 넣어 크레인이나 지게차로 운반하기 쉽게 만든 것
11 체가름 시험용 표준 망체 종류 중 하나임. (참고) 체가름 시험 : 표준망체를 사용하여 골재를 체질하고 각 체를 통과하는 중량 백분율 또는 각 체에 남는 중량 백분율을 구하는 시험

모래가 범인

우리 몸의 간만큼이나 중요한 역할을 하는 줄눈 모래가 뜻하지 않게 해를 끼치는 경우도 있다. 앞서 설명했듯이, 줄눈 모래는 블록과 블록 사이의 틈을 채우는 재료로 블록이 받는 하중을 이웃하고 있는 블록으로 전달하여 블록 포장의 지지력을 증가시키는 역할을 한다. 이렇게 중요한 역할을 수행하고 있는 모래가 미세한 입자를 많이 포함하고 있는 상태에서 투수블록과 만나게 되는 순간 악연이 시작된다. 모래의 가느다란 입자가 투수블록의 성능과 수명을 단축시키는 악성 종양으로 둔갑하게 된다. 투수블록의 표면 공극 크기보다 더 작은 미세 입자가 투수블록의 공극을 막게 된다는 얘기이다.

공극막힘은 일반적으로 미세한 입자 또는 오염물(이하 '협잡물'이라 함)에 의해 막히는 것으로 알려져 있다. 투수블록의 시공이 끝난 후 협잡물이 투수블록으로 날아오거나 흘러 들어와서 공극을 막는 자연 현상은 물리적으로 예방하기 쉽지 않다. 하지만 인위적인 막힘 현상은 미리 막을 수 있을 것이다. 공사에 사용되는 부(扶)자재가 협잡물로 돌변하는 경우를 말하고자 함이다. 필자는 여러 공사현장을 점검하면서 줄눈 모래를 유심히 살펴보곤 한다. 특히 투수블록 시공 현장에서는 보는 것만으로 그치지 않고 만져도 보고 비벼도 보고 심지어 으깨어 보기도 한다. 줄눈 모래 중에서 밀가루처럼 작은 입자가 닿을 경우, 블록과 블록 틈새뿐만 아니라 투수블록의 공극까지 막는 부작용이 발생하게 된다. 비교적 큰 입자의 모래라 할지라도 컴펙터로 다짐을 하게 되면 으깨지면서 세립(細粒)화 되어 아군이 적군으로 돌변하게 된다. 건강한 블록 포장을 위해 없어서는 안 될 줄눈 모래가 오히려 해악을 끼치는 독이 될 수도 있는 것이다.

2013년 10월, 필자는 서울시 노원구 공릉동에 위치한 공릉역 1번 출구 인근에서 서울과학기술대 입구 교차로까지 약 300m의 보도구간(동일로)에 시험시공을 시행하였다. 시험시공 구간에는 자체 투수블록과 틈새 투수블록 8종을 적용하였다. 여러 가지 시험 중에서 자체 투수블록 6종에 대하여 줄눈 모래가 투수 성능에 어떤 영향을 끼치는지 확인해 보았다. 그림 04는 당시 설치한 투수블록(A, B, C, F, G, H)의 투수계수를 측정한 것

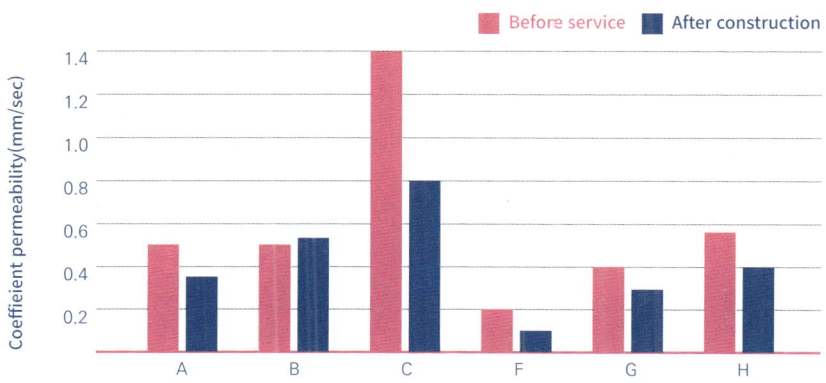

그림 04 줄눈 모래 채움 전/후 투수계수

사진 38 고무 롤러 컴팩터(일본)

이다. 붉은색 그래프는 시공 전 공장에서 생산된 상태의 투수블록 투수계수이며, 남색 그래프는 줄눈 모래 채움 작업이 완료된 시공 직후 투수블록의 투수계수를 나타낸다. 두 그래프의 차이가 바로 줄눈 모래로 인해 투수 성능이 저하된 수치를 의미하는 것이다. 단 하나의 제품(B)을 제외한 5개 제품에서 급격한 투수력 저하가 발생되었다. 실제 현상을 있는 그대로 보여주기 위해 줄눈 모래는 일반적으로 사용되는 모래로 선정하였다. 이 실험 결과를 확인한 후, 필자는 그 동안 심증으로만 생각했던 용의자(줄눈 모래)를 확실한 범인으로 단정할 수 있었다.

2014년 7월, 서초구 가정법원 인근 보도구간에서 줄눈 모래가 범인임에 쐐기를 박는 새로운 시험을 시도했다. 줄눈 모래 중에서 투수블록의 공극을 막는 '작은 입자의 비율(미분함량)'이 서로 다른 세 가지 재료를 가지고 동일한 시험을 진행하여, 미분함량에 따른 투수계수를 비교해 보았다.

시험 결과, 미분함량이 증가할수록 투수계수가 감소했다. 줄눈 모래의 미분함량이 0.7%만 증가해도 투수계수는 초기보다 약 74%까지 떨어지는 것(초기 투수계수가 100일 경우, 26으로 감소)을 확인하였다. 더 놀라운 사실은 서울시 줄눈 모래의 미분함량 기준이 '10% 이내'라는 것이다.

  투수성 블록 포장의 투수계수를 초기와 같이 높은 상태를 유지하고자 한다면 줄눈자의 미분함량을 낮출 필요가 있다. 공극을 막지 않을 만큼 큰 입자라 할지라도 경도[12]가 높아서 세립화에 대한 저항이 커야 한다. 굵은 돌을 망치로 때렸는데 쉽게 부스러진다면 경도가 낮은 것이고, 세립화에 대한 저항이 작은 것이라 할 수 있겠다. 모래의 경도만 탓할 수도 없다. 줄눈 모래를 충진하는 컴펙터에 대한 배려도 필요하다. 컴펙터의 바닥판은 기본적으로 강한 금속으로 만들어져 있다. 다져지는 대상물보다 단단해야 잘 다져지기 때문이다. 진동을 이용하여 줄눈 모래를 채우는 컴펙터의 역할은 기존의 것과 달라야 한다. 진동만 전달해 주면 될 뿐 굳이 단단한 하부 판으로 줄눈 모래를 깰 필요가 없다는 말이다. 금속 바닥판 대신 고무 롤러를 장착한 일본의 컴펙터는 우리에게 중요한 메시지를 전달해 주고 있다. 양질의 모래와 맞춤형 시공장비가 우리나라의 보도포장 현장에 들어올 날을 손꼽아 고대해 본다.

NOTE
12 광물 표면이 외부의 힘에 대해 얼마나 단단한가를 숫자로 나타낸 것

에필로그

보도블록은
무죄!

 무엇보다 '첫 2년'이 중요하다. 도로 포장공사의 하자담보책임기간이 2년이기 때문도 있지만, 뭔가 잘 해보자고 결심을 하고 난 후 지속성이 최소 2년은 유지되어야 성공이라 인정할 수 있기에 처음 2년의 상황을 잘 살피는 것이 매우 중요하다.
 시공된 지 2년이 지나지 않았는데 파손이 발생됐다면 누군가가 책임을 져야 한다. 제품의 잘못인지, 시공사의 잘못인지, 눈감아준 감독의 잘못인지를 명백히 짚고 넘어가야 한다는 것이다. 사소한 일이라도 책임을 묻지 않는 사회구조는 사익을 취한 누군가의 욕망을 키우는 촉매제로 작용할 것이기 때문이다. 이 욕망이 또 다른 이의 욕망 또는 얄팍한 상술과 만나 불건전한 건설 환경을 만들고, 결국 이런 일들이 악순환이 되어 바로잡기 어려운 관행으로 자리 잡게 되는 것이다.
 감사(監事)의 역할이 중요하다. 하지만 모든 건설 분야, 모든 공정에 깨알 감사를 집행할 수는 없다. 일하는 사람보다 감사업무를 보는 사람이 많을 수 없기 때문이다. 일벌백계가 대안이 될 수 있다. 좀 더 보태자면 일관성 있는 일벌백계가 필요하다. 일반적으로 감사라 하면 큰 공사나 큰 비리가 있을 때만 한다고 떠올리기 마련이다. 보도블록처럼 하찮아 보이는 사업에 감사를 한다는 것 자체가 왠지 어울리지 않는다고 생각할 수 있다. 하지만, 바늘도둑이 소도둑 되듯, 작은 분야에서 싹 튼 비리가 눈덩이 커지듯 더 큰 사업에서의 부정부패로 옮아갈 수 있다.

일벌백계의 성패를 가르는 가장 중요한 요건이 있다. 감사기관과 피감기관의 관계가 그것이다. 예를 들어 감사곤도 서울시 공무원 조직이고, 피감기관도 한솥밥을 먹는 공무원 조직인 경우 인지상정에 이끌려 잘못을 눈감아 주고 싶은 마음이 생길 수 있다. 죄질이 매우 불량하거나 이미 걷잡을 수 없을 만큼 부패가 진행된 경우라면 그럴 수 없겠지만, 보도블록의 구매와 시공과 관련된 경우, 특히 연루된 액수가 비교적 적은 경우는 대부분 하찮은 경우로 치부되기 때문에 솜방망이 처벌 또는 없었던 일로 덮게 되는 경우가 생기게 되는 것이다. 반대로 일벌백계의 억울한 희생양이 되는 경우도 있을 수 있다. 서울시는 5만 여명 공무원 조직 이외에 수 만 명 규모의 공사(또는 공단)라는 이름을 가진 산하기관이 있다. 감사 및 점검 실적을 채우기 위해 같은 공무원의 잘못은 눈감아 주고, 산하기관은 상대적으로 고강도 감사를 진행하여 제 식구 감싸기 식의 조사를 한 건 아닌지 공무원들은 반성해 볼 필요가 있다. 감사·피감사 이외에도 비슷한 경우는 많다. 불시 현장점검, 시험, 조사 등 어떤 결과에 따라 누군가가 공정성, 윤리의식 등에 의심이 받게 되는 분야에 모두 해당될 수 있다.

감사 결과에 대한 처벌 수위를 조절하는 타성을 근절해야 한다. 막상 감사를 했더니, 생각보다 많은 부분들이 들춰지는 경우가 있을 수 있다. 위법행위가 너무 많아 사회적 파장을 고려한다는 명분에 따라 비위가 가장 심한 몇 사람만 문책한다면 위기를 모면한 나머지 연루자들의 행위는 근절되지 않을 것이다. 적법과 위법 사이에 경계선을 긋고 적법의 선을 넘어가는 행위에 대해서는 경중을 막론하고 처벌을 해야 한다.

박원순 서울시장이 취임 후 보도블록 부실시공을 타파하기 위해 강조한 것이 바로 강력한 처벌 시행이었다. 하지만 처벌에 앞서 부실시공을 판단할 수 있는 기준조차 변변하게 갖춰져 있지 않았다. 많은 기준과 근거를 만들기 위해 적지 않은 시간을 들였다. 그 후 박원순 시장이 다시 지시했다. 잘못된 현장이 이렇게 많은데 처벌되는 사람이 없는 이유가 뭐냐면서 일벌백계를 염두에 둔 강력한 주문을 했다.

한국개발연구원 보고서에 따르면 법과 질서를 선진국 수준으로 지키기만 해도 경제성장율이 1%포인트 이상 높아질 거라고 한다. 부실시공을 대수롭지 않게 여기는 시공사, 불량자재를 당연히 있을 수 있는 실수라며 웃어넘기려는 제조사, 이를 묵인해 주는 공무원 등 모두에게 법은 공평하게 집행되어야 한다. 미국의 저명한 학자 프랜시스 후쿠야마(Francis Yoshihiro Fukuyama, 1952) 교수는 번영의 요건으로 '신뢰'를 꼽았다. 더불어 한국을 '저신뢰 국가'로 분류했다. 갑과 을의 관계에 있는 사회 구성원들이 일일이 확인하지 않아도 정직할 것이라고 믿는 나라는 번영할 것이고, 그렇지 않은 나라는 번영이 어렵단 얘기다.

금방 후퇴할 열 걸음보다 공고한 한 걸음이 더 중요하다. 얕은 고민에서 탄생한 정책, 이벤트성 규제와 단속, 전시행정, 탁상공론과 성과위주에서 나온 행정처리 등은 허울만 있을 뿐, 한강에 배 지나간 자리처럼 효과가 금세 없어지고 만다. 지속성이 보장되지 않는 행정은 만년 제자리걸음일 수밖에 없다. 정책의 실효성이 중요하다. 가능성이 기대되는 정책을 인내의 태도로 지속하는 게 중요하다. 쉽지 않은 일이다. 하지만 건설의 기본인 보도블록에서 할 수 있다면 모든 분야에 확대 적용할 수 있다. 오래된 관행과 하찮아 보이는 것을 바꾸기가 가장 어려운 법이기 때문이다. 당장 눈앞에 성과가 필요하여 급하게 추진할 일이 아니다. 긴 호흡을 갖고 천천히 그리고 꼼꼼하게 진행되어야 한다. 그래야 50년 관행을 깰 수 있다.

보도블록 분야의 잘못된 관행을 보고 우리나라 건설 분야의 건전성을 진단할 수 있을까? 나는 그렇다고 믿는다. 건설 전 분야를 온전히 비추는 전신거울이 될 수는 없겠지만 작은 손거울 정도의 역할은 할 수 있다고 본다. 갑(발주처)과 을(제조사 또는 시공사)은 상충하는 이해관계 속에 있어야만 한다. 갑은 고품질을 요구하고 을은 저비용 고효율을 뽐내며 서로 경쟁을 하듯이 요구하고 주장을 해야 한다. 적법한 규칙의 테두리 안에서 공정한 관계를 형성해 가야 한다. 둘의 관계는 절대 인간적이어서는 안 된다. 술은커녕 함께 밥을 먹어서도 안 된다. 국가의 예산이 개인의 지갑으로 쉽게 흘러들어가는 순간 부패는 걷잡을 수 없이 확산된다.

글을 거의 다 쓰고 마무리 말을 고민할 때였다. 2017년 11월 15일자 조간신문에서 흥미로운 기사 하나를 발견했다. 서울시가 발주한 도로 포장 공사를 입찰 받는 과정에서 담합한 건설업자들과 이들을 눈감아준 공무원 121명이 경찰에 적발됐다는 내용이었다. 담합에 가담한 업체수만 325개(총 410여 가)이며, 총 공사비의 70%에 해당되는 규모라고 한다. 담합을 주도한 '팀장업체' 8개가 서울시를 8개로 분할하여 입찰 나눠먹기를 조직적으로 공모한 것이다. 다른 업체가 낙찰 받더라도 팀장업체가 미리 정해준

관내업체가 시공하도록 했던 것이다. 관내업체는 수수료 명목으로 낙찰 받은 업체에게 공사대금의 8%, 팀장업체에는 5~10%를 떼줬다고 하니, 공사품질이 제대로 나올 리가 있었겠는가. 담합업체가 아닌 다른 건설사가 공사를 낙찰 받을 경우 공무원이 해당 업체에 압력을 행사해 공사를 포기하도록 요구한 정황도 포착됐다고 하니 입이 다물어지지 않는다. 부패가 만연한 우리 사회를 나무랄 일만이 아니다. 이를 기회로 삼아야 한다. 적폐청산을 외치는 현 정부에서 이를 심각하게 인식하고 입찰과정 문제점을 개선함과 동시에 비리의 싹이 트지 않는 구조로 체질개선을 해야 한다. 시공 잘 하는 업체, 잘 할 것 같은 업체가 진정 좋은 평가를 받을 수 있도록 말이다.

무죄추정 원칙이라는 게 있다. 피의자가 유죄판결이 확정될 때까지 무죄로 추정한다는 원칙인데, 인터넷으로 누구든 자유롭게 의견을 개진할 수 있는 요즘은 언론을 포함한 많은 사람들이 최종 재판 결과가 나오기도 전에 유죄의 확신을 갖고 피의자를 범죄자 취급하는 경우가 많다. 마찬가지 의미로, 이미 대부분 시민들은 보도블록에 대해 좋지 않은 선입견을 가지고 있다. 하지만 단언컨대, 보도블록은 죄가 없다. 우리는 여전히 문제에 대한 해답을 찾기보다는 대신 책임져줄 무언가를 찾고 있었을 뿐이다.

우리의 생각이 바뀌지 않으면 변화는 절대 일어나지 않는다. 오랜 세월 동안 우리는 보도블록 위를 걸어 다니면서도 보도블록의 참모습을 보지 못했다. 당신이 매일 불평 속에 다녔던 그 길에서 문득 오늘 아침 보도블록이 다르게 느껴졌다면 작지만 의미 있는 변화가 시작된 것이다. 작은 관심이 모여 새로운 의미를 찾게 되고, 그렇게 시작된 변화의 움직임이 이 도시와 사회를 움직이는 원동력이 될 것이다.

삶의 활력이 넘치는 거리의 풍경 속에서 이제는 보도블록도 자기 자리를 찾길 바라는 마음으로 아직 쓰지 않은 다음 책의 제목을 미리 정해 본다.

『보도블록이 살아있다!』

추천사　　　　　　　　　　　　　　　박원순_ 서울시장

제 별명은 '보도블록 시장'입니다. 아직도 서울시청 시장 집무실 한쪽 벽면에는 '보도블록 10계명'과 친환경 보도블록 샘플이 걸려있습니다.

누군가는 천만 도시의 시장이 챙기기에 보도블록은 너무 작고 사소한 것이 아니냐고 말합니다. 하지만 이 작은 보도블록 안에는 시민을 위하는 마음과 혁신이 녹아있습니다. 이전에는 겨울철만 되면 보도블록 때문에 시민들이 스트레스를 많이 받아왔습니다. 특히 연말에는 서울 시내 곳곳이 온통 보도블록 공사장이었고, 불필요한 보도블록 공사는 모두 예산 낭비로 이어졌습니다.

부실한 보도블록 문제는 서울시는 물론이고, 대한민국 도시 대부분에서 몇십 년간 지속해온 잘못된 관행이었습니다. 그 관행에 마침표를 찍기로 했습니다. 우리 서울시 직원과 함께 치열한 논의와 고민 끝에 <보도블록 10계명>을 만들어냈습니다. 지금 생각해보면 이 책의 저자 박대근 연구위원에게도, 그리고 보도블록을 담당했던 모든 담당자와 간부 여러분께 너무 채근하지는 않았는지 미안한 마음이 들기도 합니다. 하지만 그 수많은 서울시 직원들의 열정과 노력 덕분에 서울시 보도블록의 새로운 역사가 만들어지고 있습니다.

이 책은 보도블록 행정 일선에서 발생했던 사안들을 중심으로 문제점을 다각도로 짚어내고 있습니다. 그리고 다양한 경험을 쌓아 만든 전문성을 바탕으로 보도블록에 대한 노하우와 앞으로의 정책이 나아가야 할 방향이 세심하게 잘 담겨있습니다. 자칫 지루할 수 있는 정책 이야기를 쉽고 재밌게 읽을 수 있도록 구성한 저자의 고민도 엿보입니다. 저자의 정책에 대한 열정과 애정이 느껴져 마음을 따뜻하게 합니다.

아무쪼록 이 책을 통해 우리 사회의 올바른 보도블록 문화가 정착해 나가는 계기가 되기를 희망합니다. 보도블록 문화의 기분 좋은 변화를 확인하고 싶은 모든 분께 일독을 권합니다.

조윤호_ 중앙대학교 토목공학과 교수

책의 제목에 쓰인 '죄가 없다'란 말을 생각해봅니다. 공리주의자 입장이라면 비용 대비 효과가 높지 않은 포장 재료와 사업 진행 방식에 대한 문제가 어쩌면 '죄'가 될 수 있습니다. 블록 보급 문제는 관련 당사자들의 자율적인 선택의 문제이기 이전에 시민들이 사용하는 공공재와 관련된 것이기 때문에, 조금이라도 더 공공복리에 도움이 되는 선택을 해야 합니다. 하지만 이를 위해서는 건설업계 전반의 근본적인 문제들을 해결하려는 노력과 공동선을 추구하는 사회적 움직임이 함께 만들어져야 합니다. 따라서 우리가 매일 사용하는 보도블록에서 더러 보이는 불편한 모습들은 개별적인 부실 문제 이전에 책임 떠넘기기에 급급한 우리 사회의 단적인 모습이 그대로 투영된 것으로 보아야 할 것입니다.

책을 읽으면서 그동안 저자와 블록에 대해 나누었던 많은 이야기가 생각났습니다. 그리고 제가 기회 있을 때마다 언급했던 투수 기능의 중요성, 그리고 적합한 평탄성으로 과속을 막아 보행의 안전성을 높일 수 있음을 강조했던 부분 등등이 눈에 띄었습니다. 도시의 미적인 부분, 생태적인 부분, 열의 순환 문제도 도로 포장의 변화로 달라질 수 있다는 사실도 짚어볼 만한 주제입니다. 이 책에 담긴 저자의 현장 경험들이 보도블록을 잘 모르는 시민들은 물론 공무원들의 궁금증을 해결해 주리라 생각합니다.

저자의 현장 경험기 담긴 생생한 이야기를 읽으며, 우리 사회가 숲만 보고 줄기는 보지 못한 채 핑곗거리만 찾고 있지 않았나 돌아보았습니다. 차보다는 사람이, 합리적인 것보다는 환경적인 이유가 먼저 고려될 수 있다면 우리 사회의 도로 포장문화도 이상적인 방향으로 나아갈 수 있으리라 생각합니다. 공무원으로서 현실에 안주하기보다는 끊임없이 질문을 던지며 소신을 굽히지 않고 명실상부한 블록의 대변인으로 앞장서고 있는 저자의 행보에 박수를 보냅니다.

추천사

서영찬_ 한양대학교 교통물류공학과 교수

말도 많았던 광화문 세종대로 돌 포장이 결국 아스팔트로 다시 덮이고 있습니다. 앞으로 시민들에게 돌아갈 장점이 많음에도 불구하고 다시는 광화문에 돌 포장 깔자는 말을 꺼내기 어려울 듯합니다. 이처럼 해외에서는 잘 쓰이고 있는 공법인데도 충분한 검토나 사전 준비작업 없이 졸속으로 도입하였다가 한두 가지의 본질 외적인 문제로 사장되는 경우를 우리는 수도 없이 보아왔습니다.

이 책의 제목은 보도블록 자체보다는 사람에게 문제가 있다는 의미인 것 같습니다. 아마도 기획, 예산, 발주, 설계, 시공 등 블록 포장 공사의 모든 단계에 관여하는 사람들의 관행적 인식에서 문제를 찾을 수 있다는 뜻으로 이해됩니다.

일본의 사례들을 볼 때면 보도블록뿐만 아니라 크건 작건 모든 공사에 있어서 원칙을 지키고 마치 자기 방을 수리하는 것처럼 꼼꼼히 하는 것이 우리와는 다르다는 것을 절감하곤 합니다. 아마도 장인정신으로 무장한 기술자들이 자신의 존재 가치를 느끼며 일하기 때문에 나타난 결과라 생각합니다.

그러면 우리는 왜 그렇지 못할까요? 기술로 경쟁할 수 없고 영업과 수주가 우선시되는 현실이 기본적인 한계를 만듭니다. 또, 모든 의사결정의 단계에서 기술자나 전문가들의 의견보다는 정치적, 행정적 요구가 우선시 되어 공사의 기본이 잘 지켜지지 않는 것도 큰 문제입니다. 이런 분위기에서는 누구도 기술개발에 우선순위를 둘 수 없으며 장인정신을 기대할 수도 없습니다. 이 책은 블록 포장을 통해 우리나라 부실공사의 실상과 그 원인이 무엇인지에 대한 화두를 던지고 있습니다. 부디 저자의 표현처럼 이 책을 통해 바닥으로부터 변화의 바람이 일어나기를 기대해 봅니다.